自然保护地生态补偿机制研究

——以云南省自然保护区为例

郭辉军 施本植 华朝朗 著

科学出版社

北京

内 容 简 介

本书以云南省 56 个国家级和省级自然保护区森林生态服务功能价值评估、机会成本核算和生态足迹评估为基础，融合经济学和生态学的理论方法，借鉴国际国内生态补偿的实践案例和研究成果，进一步完善了生态补偿的概念，提出了生态服务空间流动规律、生态补偿的理论分析框架和自然保护区生态补偿标准的确定方法、系统地提出了生态补偿的法规机制、财税机制、绩效评价机制、市场机制、协商机制、特许经营机制和野生动物肇事补偿机制，提出了建立和完善自然保护地生态补偿的政策、技术和方法及政策建议。

本书理论联系实际，对科研、教学和管理具有重要指导意义，可作为农林院校、科研机构和政府管理部门的参考资料。

图书在版编目(CIP)数据

自然保护地生态补偿机制研究：以云南省自然保护区为例/郭辉军，施本植，华朝朗著. —北京：科学出版社，2021.5
　ISBN 978-7-03-063745-1

　Ⅰ.①自…　Ⅱ.①郭…②施…③华…　Ⅲ.①自然保护区-生态环境-补偿机制-研究-云南　Ⅳ.①S759.992.74

中国版本图书馆 CIP 数据核字 (2019) 第 280641 号

责任编辑：孟　锐/责任校对：彭　映
责任印制：罗　科/封面设计：墨创文化

科 学 出 版 社 出版
北京东黄城根北街16号
邮政编码：100717
http://www.sciencep.com

成都锦瑞印刷有限责任公司印刷
科学出版社发行　各地新华书店经销
*
2021 年 5 月第 一 版　　开本：787×1092 1/16
2021 年 5 月第一次印刷　印张：9 1/4
字数：220 000
定价：79.00 元
(如有印装质量问题，我社负责调换)

前　言

党的十八大首次将生态文明建设列入中国特色社会主义建设总体布局，形成经济建设、政治建设、文化建设、社会建设和生态文明建设"五位一体"的总体布局，同时将"深化资源性产品价格和税费改革，建立反映市场供求和资源稀缺程度、体现生态价值和代际补偿的资源有偿使用制度和生态补偿制度"作为加强生态文明制度建设的重要措施之一。生态补偿已成为调节经济活动外部性、保护生态系统结构稳定、提高生态服务功能的重要经济手段。

自然保护区生态系统服务功能突出、边界明确、法规健全，是生态保护的核心和生态补偿的重点，其生态补偿机制的建立和完善，不但对于其他类型的禁止开发区具有重要的借鉴意义，而且对于国家和各级政府建立和完善生态补偿机制，制定生态建设的政策具有重要的现实意义。

本书在综述相关研究文献、传承相关研究成果、借鉴国内外生态补偿和自然保护区建设经验的基础上，以云南省 56 个自然保护区为研究对象，探讨自然保护区生态补偿机制。本研究的主要贡献和创新成果包括：

一是鉴于国内外现有的生态补偿概念偏重生态学或者经济学，综合运用生态系统理论、公共物品理论、外部性理论等，进一步完善了生态补偿的概念，提出了生态服务空间流动规律和生态补偿的理论分析框架。

二是根据《森林生态系统服务功能评价技术规范》，首次对云南省 56 个国家级和省级自然保护区的森林生态系统服务功能进行了功能评估和价值评估。评估结果表明，纳入评估的自然保护区 2010 年提供的森林生态服务价值为 2009.02 亿元，相当于云南省 2010 年 GDP 的 27.8%，单位面积保护区森林提供的生态服务年平均价值为 12.31 万元/公顷。还根据云南省森林资源调查成果，首次核算出 56 个自然保护区以木材价值为基础的机会成本。另外，评估结果表明，纳入评估的自然保护区林木总价值为 735.13 亿元，单位面积林木平均价值为 4.56 万元/公顷。根据云南省 56 个自然保护区生态服务功能价值评估和以木材价值为基础的机会成本核算，首次提出了以生态服务功能价值为最高标准、以木材机会成本为最低标准的云南省自然保护区生态补偿标准，分别为 8200 元/(年·亩①)、3020 元/(年·亩)。

三是分析并总结了云南省自然保护区森林生态服务价值的分布特征。云南省自然保护区森林生态服务价值反映出天然林高于人工林、混交林高于纯林、近成过熟林高于中幼林、密林高于疏林、陡坡高于缓坡、上坡位高于下坡位等特征；单位面积价值较高的区域主要集中在滇西、滇南地区，呈现出西部高，自西北到西南、自西向东逐步降低的空间分布格

---

① 1 亩≈666.7 平方米。

局。进一步提高云南的森林生态服务功能，应加大原始森林的保护力度，减少人为干扰，促进人工林、纯林向天然林、混交林转变，以提高生态系统稳定性。

四是根据生态足迹研究成果，提出了基于生态足迹的生态服务税费机制，并提出生态足迹不能作为生态补偿标准的观点，在现有的四个生态补偿原则基础上，进一步提出了生态补偿两条新原则，即：UPP 原则(谁使用谁交费)、IGCP 原则(谁受伤害谁得赔偿)。

五是结合云南省自然保护区实际，提出了自然保护区生态补偿应当建立和完善的机制，包括法规、财税、绩效监测、市场、协商、特许经营和野生动物肇事补偿等。

目　　录

第一章 导 论

第一节 背景及意义

一、研究背景

自然生态系统，既为人类社会发展提供了物质产品，也为人类社会生存发展提供了生态产品，保障了生态安全，成为人类社会可持续发展和长期生存的基础。随着人口增加、经济增长，特别是工业革命以来，生产方式和经济结构发生根本性转变，但无偿占用生态空间和免费使用生态产品的生态环境无价观念仍然根深蒂固。随着工业产品生产能力不断提高、生态产品生产能力不断下降，同时人类活动范围不断扩大、生态环境遭到严重破坏，人类的生存和发展受到的威胁前所未有，为此，世界各国相继采取各种措施，以各种形式保护自然生态系统的同时，世界各地也在不断探索经济手段以调控生产生活对生态环境的破坏，生态补偿成为调节经济外部性、保护生态系统结构稳定、提高生态服务功能、协调生态保护与经济发展的重要政策措施，并成为生态经济学的重点领域和社会关注的热点。

各国学者分别从经济外部性、公共物品、福利经济等经济学角度和生态系统、环境价值等生态学角度，对生态补偿机制开展了大量研究。1932 年提出的庇古税、1960 年提出的科斯定理为生态补偿奠定了重要的理论基础，1992 年以来的生态足迹研究、1997 年以来的生态系统服务功能价值评估的广泛开展为生态补偿标准的确定和资金来源的政策制定提供了科学依据，进一步促进了生态补偿的政策实践。联合国、世界银行、美国、欧盟、哥斯达黎加等，都先后在部分领域和个别地方，开展了生态补偿的各种实践，为我国生态补偿提供了重要的国际经验。我国自 20 世纪 70 年代开始，各地就开始探索旅游、矿产、水资源等方面的生态补偿的途径，1998 年以来，中央政府先后实施退耕还林、天然林保护、公益林生态补偿和重点生态功能区转移支付等政府补偿，为协调经济发展与生态保护的矛盾、为生态补偿机制的建立和完善，积累了大量的经验，为凝聚生态补偿的社会共识奠定了基础。

但大多研究和实践仅仅停留在理论探讨或个别案例，生态补偿仍然存在相关技术和科学方法滞后、生态补偿标准混乱、补偿资金来源不足、政策法规缺位、管理条块分割、利益相关群体界定困难、对生态补偿的对象侧重于自然生态补偿或社会生态补偿的认识差距、不同行政区域和自然地理单元生态补偿协调难度大等问题。加之生态补偿涉及生态安全的要素多、生态补偿的利益相关方复杂、生态补偿载体多样、生态补偿范围确定难度大等实际问题，生态补偿范围、生态补偿标准、补偿方式等有关生态补偿机制的关键问题均未形成成熟的思路和方法(李晓光等，2009；欧阳志云等，2013)。近年来国家和地方实施生态补偿项目选择的生态补偿载体不明确，难以提供系统的理论、方法、技术和政策借鉴，直接影响到生态补偿的推广和政策提升，到目前为止我国还没有国家和省级层面的生态补偿政策法规出台。这些严重制约了生态补偿机制的进一步发展和完善，生态补偿机制的建立仍然任重道远。

2006 年 3 月，国务院发布的《国民经济和社会发展第十一个五年规划纲要》提出"按照谁开发谁保护、谁受益谁补偿的原则，建立生态补偿机制"。2007 年 10 月，中共十七大进一步提出"实行有利于科学发展的财税制度，建立健全资源有偿使用制度和生态环境补偿机制"。2010 年 12 月，国务院正式印发《全国主体功能区规划》（国发〔2010〕46 号），将我国国土空间划分为优化开发区、重点开发区、限制开发区和禁止开发区四大类，提出了财政、投资、产业、土地、农业、人口、民族、环境等方面的政策措施和针对不同区域的绩效考核评价体系，而且提出了"加大对重点生态功能区的均衡性转移支付力度""省级财政要完善对省以下转移支付体制，建立省级生态环境补偿机制，加大对重点生态功能区的支持力度"，这是我国协调生态环境保护与社会经济发展历史上第一个国土空间区划，为我国人与自然协调发展、和谐发展和可持续发展提供了全新的思路和方向，具有划时代的意义。2012 年，中共十八大报告不但提出了经济建设、政治建设、文化建设、社会建设和生态文明建设"五位一体"的总布局，而且提出了"深化资源产品价格和税费改革，建立反映市场供求和资源稀缺程度、体现生态价值和代际补偿的资源有偿使用制度和生态补偿制度"作为加强生态文明建设的重要措施之一，这为我们提出了紧迫而艰巨的任务。

国家主体功能区划将"生态系统十分重要，关系全国或较大范围区域的生态安全，目前生态系统有所退化，需要在国土空间开发中限制进行大规模高强度工业化城镇化开发，以保持并提高生态产品供给能力的区域"划为限制开发区域（重点生态功能区）；将"有代表性的自然生态系统、珍稀濒危野生动植物种的天然集中分布地、有特殊价值的自然以及所在地和文化遗址等，需要在国土空间开发中禁止进行工业化城镇化开发的重点生态功能区"划为禁止开发区并依据已有的相应法规管理，包括：国家级自然保护区、世界文化自然遗产、国家级风景名胜区、国家森林公园、国家地质公园和国家湿地公园。自然保护区和风景名胜区以 1994 年和 2006 年颁布的国务院条例作为法律依据，森林公园、地质公园和湿地公园目前分别按照部门规章进行管理，世界遗产按照国际公约管理，还没有国内配套法规，世界遗产和风景名胜区的核心区域大多是自然保护区和地质公园，因此，在国土空间格局中，自然保护区具有极为特殊而重要的地位，其生态补偿机制的建立和完善，是国家生态安全格局战略的实施的关键。

在各种生态保护类型中，自然保护区生态保护法规最为健全、区域边界最为清晰、保护程序最为严格、保护机构相对稳定健全、区域占用国土面积比例较小、生物种类最为丰富、生态服务功能最为突出、自然资源最为丰富、保护价值极高，成为生物多样性保护和生态安全的核心。与此同时，由于历史的原因和人口增长，自然保护区仍有大量原居民和村寨，当地群众发展的生产空间受到限制，当地政府财政收入和经济发展受到严重影响，部分地方因保护生态安全利益受到严重损失，随着生态保护范围不断扩大和力度不断加强，生态保护与经济发展的矛盾也进一步凸显，建立和完善生态补偿机制更加紧迫，长此以往，当地群众和地方政府的不满，将严重影响生态保护成果和社会和谐。因此，选择云南省自然保护区生态补偿机制作为研究对象，既抓住了生态补偿中的重点，有利于自然保护区生态补偿机制的完善，对于其他生态保护类型及省区生态补偿机制建立和完善，也具有重要的借鉴价值。

二、研究意义

2012 年，我国人均 GDP 已达 6543 美元，处于经济社会发展的重要转折阶段，生态空间和生态容量不足已成为制约我国现阶段经济发展的突出问题，转变经济发展方式和调整经济结构的任务极为紧迫，经济发展与生态保护之间的矛盾极为突出。无论是东部发达地区，还是西部落后地区，在处理保护与发展的长期和短期利益时，通过建立和完善生态补偿机制，让生态环境破坏者赔偿、对生态系统使用者收费，让生态保护者得到补偿，促进生态系统结构趋于稳定、生态服务功能得到提高，不仅有利于避免几十年的生态建设和保护成果被损毁，保障我国生态安全，而且对于促进经济转型升级，实现我国经济社会长期健康持续发展具有重要意义。

现阶段，人们日益增长的生态环境需求与生态产品供给不足已成为部分地区的主要矛盾，生态富裕与经济贫困的矛盾进一步影响了限制和禁止开发区的社会稳定，国家主体功能区划和党的十八大提出的建立体现生态价值和代际补偿的生态补偿制度的新要求，给各级政府和生态经济学者提出了加快生态补偿机制理论、技术方法和政策研究的紧迫任务，因此必须选择代表性生态功能区为研究对象，在生态补偿标准计算、生态税费率核算、利益相关群体界定和生态补偿机制等科学难点问题上有所突破，才能加快推进生态补偿的政策法规的完善，以满足新时期新形势下科学发展、跨越发展和和谐发展的需要。因此，自然保护区生态补偿机制的研究，不但具有重要的科学价值，而且具有重要的现实社会意义。

云南地处国际国内六大江河的上游或源头，地理位置特殊、生态区位重要、生物种类丰富、生态系统多样、生态景观壮丽、生态功能突出，是我国重要的生物多样性宝库和西南生态安全屏障。目前，云南省已建立了以自然保护区为核心，风景名胜区、森林公园、湿地公园为补充，公益林区为主体的生态空间体系、生态安全保障格局和生态产品生产能力，先后实施了退耕还林、天然林保护、生态公益林补偿等政府生态补偿[①]，同时文山等自然保护区进行了水电和旅游生态补偿的实践探索[②]，积累了宝贵经验，但面临着补偿标准低、科学依据不足、政策法规不健全等问题，尚未建立省级层面的生态补偿机制。自然保护区保存了大部分物种、原生生态系统和最为精华的生态景观，以云南省自然保护区作为生态补偿机制的切入点，不但对于云南省自然保护区生态补偿机制的建立和完善具有重要的决策价值，而且对于森林公园、湿地公园、风景名胜区、天然林保护区等其他生态保

---

① 截至 2010 年底，云南省天然林保护面积 17969.3 万亩，占全省总面积的 30.4%；退耕还林面积 1695 万亩，占全省国土面积的 2.87%；自然保护区面积 4482 万亩，占全省国土面积的 7.8%；风景名胜区约 4500 万亩，占全省国土面积的 7.8%；国家重点生态公益林面积 11877.7 万亩，占全省国土面积的 20.09%，其中天然林保护区、生态公益林和自然保护区之间面积有重叠。但是，从补偿标准来看，政府对退耕还林提供的粮食和现金补偿相对较高，每年每亩 260 元，连续补助 8 年，天然林每年每亩仅补助 1.75 元，生态公益林补偿为每亩每年 10 元，远远低于单位面积林地产值。

② 1999 年 9 月，经文山州政府批准，文山县启动了"建立老君山省级自然保护区专项建设资金"，"文山县境内用电和文山城区使用自来水的单位及住户，在现行收费价格的基础上，每度电费加收 0.01 元、每吨水费加收 0.05 元，增收的水电费免收各种税费，专项用于自然保护区的建设与管护"（文政复〔1999〕32 号）。电费由于价格权限问题于 2001 年 12 月停止，2000～2008 年，共收取水费补偿基金 250.8 万元。

护类型，以及上下游流域之间、山区与坝区之间等的生态补偿机制具有重要的借鉴意义。

长期以来，生态服务功能的价值评估和机会成本核算停留在自然地理单元和单个保护区的实践，评估规范的缺乏更加影响了以省级行政区域为整体的价值评估，制约了省级层面的生态补偿机制的建立，因此，以云南省的所有国家级和省级自然保护区为对象，进行生态服务价值和机会成本的整体核算，将为云南省自然保护区生态补偿机制相关政策法规的制定提供科学决策依据。生态足迹的核算一直是作为研究人类影响生态承载力的主要手段，除个别学者将其用作生态补偿标准的依据外，并未引起生态补偿学者的关注，更未作为生态税费的计算依据，我们认为，生态足迹既然是衡量人类活动影响生态环境的一个很好的指标，理所当然地可以成为生态税费核算的重要技术方法。因此，基于生态足迹理论的生态税费核算对解决生态补偿资金来源的技术难题具有极为重要的价值。

第二节　研究对象及解决的问题

云南省地处西南边陲，是一个集"边疆、山区、民族、贫困"四位一体的省份。云南省也是全球生物多样性最丰富、最集中的地区之一。云南省的生物多样性保护受到国内外的高度关注和重视，被列为国际生物多样性的热点地区。云南省自 1958 年建立第一个自然保护区以来，目前已经基本形成类型齐全的自然保护区网络。设立自然保护区是生物多样性保护的最有效途径，已成为原生生态系统保护的核心。截至 2012 年底，云南省共建立自然保护区 160 处，面积 298.80×10⁴hm²。其中国家级自然保护区 17 处，面积 143.33×10⁴hm²；省级自然保护区 42 处，面积 82.44×10⁴hm²；州市级自然保护区 58 处，面积 47.76×10⁴hm²；县级自然保护区 43 处，面积 25.27×10⁴hm²。这些保护区包括森林生态系统、内陆湿地和水域生态系统、野生植物、野生动物、古生物遗迹、地质遗迹等类型。自然保护区集中保存了全省最为原始、完整的森林生态系统和最为丰富的生物多样性，属生态服务的高生产区和生态效益的外溢区，是促进经济社会可持续发展的重要保障。

本书以 2010 年云南省 56 个国家级和省级自然保护区为研究对象，拟解决以下问题：一是通过自然保护区森林生态服务功能及其价值评估、林业用地机会成本核算两个方面的实践和分析研究，提出自然保护区生态补偿标准的确定方法，建立云南全省自然保护区的生态补偿标准体系；二是在已有的国内外研究成果基础上，综合应用经济学和生态学的理论与方法，进一步研究生态补偿相关利益群体的界定方法；三是应用生态足迹的理论方法，探索生态服务的税费标准，为解决生态补偿资金来源问题提供科学依据；四是综合国内外生态补偿实践，结合自己的实地调研，探讨建立完善自然保护区生态补偿机制；五是根据本研究成果，为国家和云南生态补偿法规的制定提供决策依据。这些研究将为云南省自然保护区生态补偿机制的建立和完善提供科学的决策依据，对于自然保护区所在的地方政府制定生态补偿标准和落实相关政策具有重要的参考意义。

第三节　研究思路、方法和创新

一、基本思路

根据经济学和生态学的相关理论，按照机会成本和生态服务功能及其价值评估方法，结合当前生态补偿实践中面临的补偿标准低而混乱问题，通过对全省 56 个国家级和省级自然保护区森林生态系统服务功能及其价值定量评估、林业用地用于发展林产业的机会成本核算，确定生态补偿标准计算方法，建立全省自然保护区生态补偿标准体系。

根据庇古税和科斯定理，按照自然保护区的特殊规律，结合当前社会经济发展中面临的保护者、建设者、受害者与破坏者、使用者、受益者之间利益分配不公平问题，借鉴生态足迹理论和研究成果，探索解决生态补偿资金来源的技术途径，进一步完善生态补偿的基本原则和生态补偿的机制。

根据经济外部性和生态系统理论，结合当前生态补偿利益相关群体界定困难和已经提出各种机制仍然不能指导决策的问题，探索生态服务功能的运动规律，合理界定利益相关群体，理清生态补偿的主要机制，并针对自然保护区的生态特点，确定自然保护区生态补偿的特殊机制、不同的生态功能适用的补偿机制。

以自然保护区生态补偿机制研究成果为基础，进一步完善现行政府生态补偿项目、市场补偿实践，为自然保护区条例修订、在《云南省湿地条例》中增加生态补偿专门条款、制定自然保护区生态补偿办法和云南省起草生态补偿专门法规提供科学决策依据。

二、研究方法

本研究涉及多个学科，研究方法涉及生态学和经济学的研究方法，以及社会学调查方法和林学调查方法。主要方法如下：

（1）文献研究：收集了国内外各种相关论文、专著等文献资料 200 余篇，基本掌握了生态补偿研究和实践的历史和动态进展、可供借鉴的理论和经验。

（2）森林资源调查：本研究采用 2010 年首次全面完成的云南省二类资源调查成果所提供的全省 129 个县（市、区）和 56 个自然保护区的森林资源基本数据。

（3）生态系统定量监测：主要利用已经在云南省建立的国家生态系统定位站（西双版纳、哀牢山）、中国科学院生态定位站（丽江、元江）、国家林业和草原局 10 个森林生态系统定位站对水土流失、CO_2 等的生态监测数据。

（4）生态系统服务功能评估：按照国家林业和草原局《中国森林生态系统服务功能评估规范》对全省 56 个国家级和省级自然保护区生态服务功能物质量进行评估，然后计算出生态服务功能的经济价值。

（5）机会成本核算：通过全省 56 个自然保护区的森林蓄积，对照商品的价格和林地面积，计算单位面积林业产值，分别计算自然保护区内的集体林地面积和自然保护区所占同一行政区域林业用地面积，即当地林农和政府放弃林业产业，保护森林生态系统的机会成本。

(6)实地调查：按照相关的社会学、生态学等方法，先后到文山、西双版纳、高黎贡山、大山包等国家级自然保护区，碧塔海、玉龙雪山、拉市海、海峰等省级自然保护区，共20余个自然保护区进行实地调查研究，获得大量宝贵的生态补偿案例研究一手资料。

三、重点和难点

(1)本研究开展的全省性自然保护区生态服务功能及其价值评估，在全国尚属首次，没有可供借鉴的经验，是本研究的重点，而生态监测指标不配套和二类资源调查森林生态系统分类性资料不完善是功能价值评估的难点。一方面，由于云南省生态监测站仅有两个国家级站有长期记录，其他生态站都是近年才建立起来的，没有105种森林生态系统类型的全面长期监测数据，因此无法对所有不同类型生态系统进行监测，而且生态监测指标体系与生态系统服务功能指标体系不完全相同，给服务功能评估带来了困难。另一方面，森林资源二类调查是目前云南省最为珍贵的森林生态系统资料，数据最为翔实，历史上首次全面完成，但是由于调查目的是资源，除森林蓄积指标外，其他数据较少，而且尚不能区分105种不同森林生态系统类型，不能完全反映原始森林、不同森林类型间的差别。

(2)建立云南省自然保护区生态补偿标准的核算体系是本研究的基本目标之一。国际国内有多种方法，主要方法有三种：生态服务功能价值法、机会成本法和条件价值法。本研究综合生态服务功能价值法和机会成本法两种方法，建立确定生态补偿最高和最低标准的技术方法，而确定唯一的补偿标准是本研究的难点，在生态服务功能及其价值中，将自然贡献部分与人为贡献增值部分区分开来计算是本研究的另一个难点。

(3)近年来，用生态足迹法计算生态补偿标准受到很多关注，我们通过碧塔海旅游生态足迹核算和深入综合研究后发现，生态足迹不能作为生态补偿标准确定的方法。生态足迹作为衡量人类活动影响生态环境的重要方法，可以作为生态服务税费核算的基础。生态足迹的研究为生态服务直接享受者付费和间接受益者征税提供了科学依据，为生态税费机制的建立完善奠定了基础。核算不同产业的生态足迹，是对生产消费品征收税费的基本依据，因涉及另一个研究领域，将在后续的其他课题中深入研究。

(4)生态系统是一个开放的系统，生态服务具有多种功能，不同功能其流动规律和影响范围不同，利益相关群体界定成为生态补偿机制的难点。生态补偿政策的制定，是一个博弈的过程，涉及多方利益。政府、企业、原住民之间，同一流域上下游之间，需要更高层次政府的协调，并制定政策法规进行规范，在没有国家层面的政策法规的前提下，难以完全反映对生态服务功能的利用，也难以收取本省行政区域外的生态服务费和跨区域企业的生态服务费，这是地方政府生态补偿机制建立的难点。因此，即使市场机制下的生态补偿，也要依靠政府的作用。

四、特色与创新

(1)以自然保护区为对象的生态服务功能价值评估和生态补偿标准计算，大多为单个保护区的案例研究，对省级行政区域内所有国家级和省级自然保护区开展全面系统的森林生态系统生态服务功能及其价值评估、机会成本核算，建立全省性自然保护区生态补偿标准体系,在国内外均属首次。

(2)生态补偿机制涉及面广,仅靠单个自然保护区难以建立综合性机制,目前国内省级行政区域层面的自然保护区生态补偿机制大多为理论研究。本研究以 56 个国家级和省级自然保护区为对象,结合文献研究和实地调查,研究云南省自然保护区生态补偿机制,并系统地归纳总结生态补偿七大机制,在国内尚属首次。

(3)以生态足迹方法为基础,提出了基于生态足迹理论的生态税费机制,建立直接利用生态系统的生态服务付费和间接利用生态系统的生态税,为生态补偿资金来源提出了新的思路和方法。

(4)首次提出了生态服务功能的空间流动规律,并以此为基础,首次提出了生态系统外部性理论,成为生态补偿利益群体界定和自然保护区生态补偿机制新的理论基础,这是本书的理论创新。

(5)基于生态税费机制和生态系统外部性理论创新,提出了"谁使用谁交费"和"谁受伤害谁得赔偿"的生态补偿新原则,以及自然保护区特许经营和野生动物肇事补偿两条新的机制。

五、技术路线

本书技术路线如图 1-1 所示。

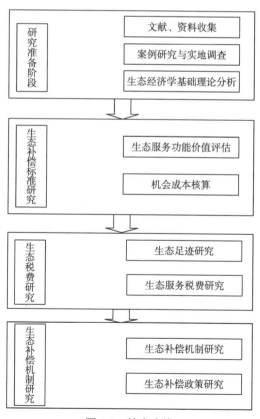

图 1-1　技术路线

第二章　生态补偿的理论及文献综述

第一节　核心概念的界定

一、生态补偿

综合张诚谦(1987)和王潇等(2008)的定义，根据生态系统的外部性理论，笔者认为，生态补偿是为了保护和改善生态环境，维护生态系统服务功能，通过综合利用行政、法律、经济等手段，对造成生态破坏、环境污染问题以及直接使用和享受生态服务功能的个人和组织的负外部性行为进行收费(税)，对保护、恢复、维持和增强生态系统服务功能作出直接贡献的个人和组织的正外部性行为给予经济和非经济形式补偿，以物质和能量的方式归还生态系统，以维持生态系统的物质、能量，输入、输出的动态平衡，促进生态系统的结构上的稳定和功能上的提高，以及对生态系统的负外部性造成人类生产生活损失给予补偿，促进人与自然和谐发展的一种管理制度(郭辉军，2013)。

二、自然保护区

自然保护区是指对有代表性的自然生态系统、珍稀濒危野生动植物种的天然集中分布区、有特殊意义的自然遗迹等保护对象所在的陆地、陆地水体或者海域，依法划定出一定面积给予特殊保护和管理的区域(中华人民共和国国务院，1994，《中华人民共和国自然保护区条例》)。

三、森林生态系统生态服务功能

森林生态系统服务功能是森林生态系统与生态过程所形成及维持的人类赖以生存的自然环境条件与效用，主要包括森林生态系统在涵养水源、保育土壤、固碳释氧、积累营养物质、净化大气环境、生物多样性保护、森林防护和森林游憩等方面提供的生态服务功能。森林生态系统生态服务功能包括 8 个类别共 14 个指标(国家林业局，2008，《森林生态系统服务功能评估规范》(LY/T 1721—2008))。

四、森林生态系统服务功能价值

森林生态系统服务功能评估包括物质量评估和价值量评估两个方面。物质量评估主要是对生态系统提供的服务的物质数量进行评估，即根据不同区域、不同生态系统的结构、功能和过程，从生态系统服务功能机制出发，利用适宜的定量方法确定生产的服务的物质数量。价值量评估主要是采用经济学方法对生态系统提供的服务进行评估，评估的结果为货币量，既能将不同生态系统与意向生态系统服务进行比较，又能将某一生态系统的各个单项服务综合起来(国家林业局，2008，《森林生态系统服务功能评估规范》(LY/T 1721—2008))。

五、机会成本

机会成本是"为得到某种东西必须放弃的另一种东西"(曼昆，2001)，在生态补偿中就是生态系统服务功能的提供者为保护生态系统所放弃的利用生态系统的机会等。根据《土地法》，我国土地实行用途管制，即林业用地只能用于保护原有森林和人工植树造林(包括用材林和经济林)，自然保护区内林业用地上的人工林不能采伐。因此，自然保护区村民的机会成本主要是因划入保护区的集体林，为保护生态而不能采伐木材或种植经济林果的收入。

第二节　生态补偿的生态学基础

生态学家很少关注生态补偿问题，相关的研究理论缺乏，即使生态学本身，也未找到"看不见的手"的"价格理论"。从生态学角度看，其理论基础是生态系统的能量流动和物质循环理论。生态系统通过能量流动和物质循环，使生态系统中各个营养级和各种成分(非生物和生物)之间组成一个完整的功能单位，一方面保持生态系统自身的稳定，另一方面为人类社会提供源源不断的物质来源，从而形成生态系统的四大功能，即能量流动、物质循环、生物生产和信息传递，为人类社会提供直接的物质产品，如食物、木材等和间接的无形产品如清洁空气、净化水质、保育土壤、固碳释氧等。生态系统遵循物质不灭定律、热力学第一定律(能量守恒定律)和热力学第二定律(能量耗散定律)。尽管如此，生态学家本身很少研究生态系统服务功能，可供直接借鉴的系统理论很少。

一、生态系统理论

生态系统的概念于 1936 年由英国植物学家 Tansley 提出，得到生态学家的普遍认可并逐步完善，目前公认的生态系统概念是指在一定的空间内生物的成分和非生物的成分通过物质的循环和能量的流动相互作用、互相依存而构成的一个生态学功能单位。生态系统中的生物成分，有以绿色植物为主的生产者，通过光合作用把水和二氧化碳等无机物合成碳水化合物、蛋白质和脂肪等有机化合物，并将太阳能转化为化学能，储存在有机物的分子键中。以动物(包括人类)为主的消费者，将生产者作为食物，进行消费、吸收，将物质和能量进行转化，然后作为废弃物排入自然生态系统中，最后由以细菌等微生物为主的分解者将动植物死亡之后的残体分解成比较简单的化合物,最终分解为最简单的无机物并将它们释放到环境中,供生产者重新吸收和利用。生态系统的过程,由物质循环和能量流动两个过程组成。

二、生态系统的能量流动

生态系统的能量流动是指能量通过食物网络在系统内传递的耗散过程。生态系统的生物生产是以绿色植物固定太阳能开始的,太阳能通过光合作用,被转变为生物化学能,成为生态系统中可利用的基本能源。目前人类社会利用的化石能源就是早期生物在地球演化过程中掩埋在地层中的生物化石。

生态系统的能量流动过程,实质上是物质的转化过程。能量流动通过食物链实现,生态系统中储存于有机物中的化学能,通过一系列的吃与被吃的关系,把生物与生物紧密地联系起来,这种生物之间以食物营养关系彼此联系起来的序列,称为食物链。整个能量流动过程包括四个方面:能量形式的转变(太阳能转变为化学能)、能量的转移(从植物转移到动物和微生物)、能量的利用(动物生长、繁衍)、能量的耗散(生物的呼吸、排泄等)。

生态系统内的能量传递和转化严格遵循热力学定律。热力学第一定律即能量守恒定律,即在自然界的一切现象中,能量既不能创造,也不能消灭,只能按严格的化学剂量比例,由一种形式转变为另一种形式。因此,输入生态系统的能量总是与生物有机体储存、转换的能量和释放的热量相等,从而保持生态系统内及其环境中的总能量值不变。热力学第二定律即能量耗散定律:任何形式的能(除了热)转到另一种形式的能的自发转换中,不可能 100%被利用,总有一些能量以热的形式被耗散。因此,生态系统的能量随时都在进行转化和传递,当一种形式的能量转化成另一种形式的能量时,总有一部分能量以热能的形式消耗掉,使得系统的熵值呈增加趋势。

生物的呼吸、排泄等大约耗去生物总初级生产量的 50%,能量每经过一个营养级,大约减少 90%,通常只有 4.5%～17%(平均约 10%)转到下一个营养级,能量在两个营养级之间的传递过程中,能量的利用率一般为 10%左右,这就是生态学上的“十分之一定律”,即由德国生态学家林德曼于 1942 年提出的“林德曼效率”。

三、生态系统的物质循环

生态系统的各种物质运动是能量流动的载体。当绿色植物通过光合作用,将太阳能以化学能的形式储存在合成的有机物质中时,能量和物质的运动就同时并存。自然界的各种元素和化合物在生态系统中的运动为一种循环式的流动,称为生物地球化学循环。

在自然界中,每一种化学元素都存在于一个或多个储存库中,元素在环境储存库中的数量通常大大超过其在生命体储存库中的数量。元素在大气圈、生物圈和地质圈等“库”与“库”之间的转移便形成物质的流动。

四、生态系统的稳定机制

生态系统是一种开放系统，由于生态系统中的物种多样性，通过食物链实现生态系统的自我调节，使系统的所有成分彼此相互协调，因而，生态系统常常趋向于达到一种稳定或平衡状态。例如，某一生境中的动物数量决定于这个生境中的食物数量，最终动物数量和食物数量将会达到一种平衡，如果因为某种原因（如雨量减少）使食物产量下降，从而只能维持比较少的动物生存，那么这两种成分之间的平衡就被打破了，这时动物种群就不得不借助于饥饿和迁移加以调整，以便使自身适应于食物数量下降的状况，直到两者达到新的平衡为止。

生态系统具有反馈机制和自我调节机制，当生态系统中的某一成分发生变化的时候，它必然引起其他成分出现一系列的相应变化，这些变化最终又反过来影响最初发生变化的那种成分，这就是生态系统的反馈机制。例如，如果草原上的食草动物因为迁入而增加，植物就会因受到过度啃食而减少，植物数量减少后，反过来就会抑制动物数量增加。自然生态系统具有自我调节机制，通过发育和调节，生态系统达到结构上、功能上和能量输入输出的稳定。自然生态系统总是朝着种类多样化、结构复杂化和功能完善化的方向发展，直到生态系统达到成熟的最稳定状态为止。但是，生态系统的这种自我调节功能是有一定限度的，当外来干扰因素如火山爆发、人类建设大型工程、排放有毒物质等超过一定限度的时候，生态系统自我调节功能本身就会受到损害，从而引起生态失调，严重时甚至导致生态危机。

五、生态系统的自然演化规律

生态系统是动态的，从地球上诞生生命至今，各类生态系统一直处于不断的发展、变化和演替之中。随着时间的推移，一种生态系统类型会被另一种生态系统类型顺序替代。生态系统既有生态系统内部各组成成分间的相互作用而导致的内因演替，也有自然灾害和人类活动等导致的外因演替。在地球的演化历史中，生态系统的演替大多是在没有人为干扰的环境中进行的，从裸地开始，经过一系列中间阶段，最后达到生物群落与自然环境相适应的动态平衡的稳定状态，这是正向演替，而且很多是在没有土壤和植物繁殖体的原生裸地上的原生演替。近300年以来，随着工业化发展、人口增加，砍伐森林、洒药施肥、开垦耕地等人类活动加剧，导致的生态系统外因演替规模空前，很多演替是在原生生态系统破坏后、保留原来群落中的一些繁殖体及土壤条件下的次生演替，趋向于恢复破坏前的原生生物群落。

六、生态系统受损与生态危机

当外来干扰，如森林火灾、水库淹没、有毒物质排放等，超过生态系统阈值，生态系统本身无法缓解胁迫，自我调节功能损害，难以回到平衡状态，系统结构上就会出现缺损或变异，功能上出现能量流动在某一个营养层次上受阻或物质循环正常途径中断。对于已经崩溃的生态系统，停止胁迫也无法回到初始状态。如大面积森林砍伐，原有的主要树种消失，生产者和各级消费者也因栖息地破坏被迫迁移或消失。云南很多干热河谷森林破坏后成为裸地，很难自然恢复森林，这种转化是不可逆的，部分原因是营养流失造成土壤肥力衰竭。当这种破坏的规模范围大到一个生态地带或者更大的生物地理区域，就会导致生态危机。由于人口相对集中在一定的生态适合地带，或者区域性的集聚，特别是云南这样的山地省份，这种情况极容易发生。

第三节　生态补偿的经济学基础

一、公共物品理论

根据萨缪尔森(Paul A.Samuelson)的定义，纯公共物品是指这样的物品，即每个人消费这种物品不会导致别人对该物品消费的减少。纯公共物品具有两个基本特征：非排他性和非竞争性。非排他性是指技术上不易于排斥众多的受益者，或者排他不经济，即不可能阻止不付费者对公共物品的消费。消费上的非竞争性是指一个人对公共物品的消费不会影响其他人从对该公共物品的消费中获得的效用，即增加额外一个人消费该公共物品不会引起产品任何成本的增加，也可以说，公共物品的边际生产成本为零。

公共物品的这两个特性意味着公共物品在消费上是不可分割的，它的需要或消费是公共的或集合的，如果由市场提供，每个消费者都不会自愿掏钱去购买，而是等着他人去购买而自己顺便享用它所带来的利益，这就是"搭便车"问题。如果所有社会成员都意图免费搭车，那么最终结果是没有人能够享受到公共物品，因为搭便车现象会导致公共物品的供给不足。

在现实世界中，存在大量的介于公共物品和私人物品之间的准公共物品。准公共物品可以分为两类，一类是消费上具有非竞争性，但是可以比较容易地做到排他，如公共桥梁、公共游泳池和公共电影院，成为俱乐部产品(club goods)；另一类与俱乐部产品相反，即在消费上具有竞争性，但是却无法有效地排他，如公共渔场、牧场等，这类物品通常称为公共资源(common resources)。俱乐部产品容易产生"拥挤"问题，而公共资源容易产生"公地悲剧"(tragedy of the commons)。"公地悲剧"问题表明，如果一种资源无法有效地排他，那么就会导致这种资源的过度使用，最终导致全体成员的利益受损。

自然生态系统的物质生产和能量流动及其生态过程提供自然资源和生态服务功能，一方面，生态系统内的植物通过光合作用生产的木材、粮食以及通过地质运动转化为石油等化石能源等；另一方面，生态系统过程的调节作用，不但提供氧气，而且对空气、水源进行清洁。因此，生态系统服务具有公共物品的属性，并决定了它会出现供给不足、拥挤和过度使用等问题，生态补偿就是通过相关制度安排，调整相关生产关系来激励生态服务的供给、限制公共资源的过度使用和解决拥挤问题，从而促进生态环境的保护。同时帮助研究人员确定生态补偿不同类型下的补偿主体是谁，其权利、责任和义务是什么，从而确定相应的政策途径。

二、外部性理论

生态补偿涉及经济学和生态学等领域。从经济学角度看，其理论基础是经济的外部性理论，外部性理论经过马歇尔(Marshall)和庇古(Pigou)等经济学家的贡献，已发展成为一个较完善的体系，并被广泛地应用到生态环境保护领域。传统经济学认为，"看不见的手"引导市场利己的买者和卖者，使社会从市场上得到的利益最大化，实现市场均衡，这一理论成为市场经济的基本规律和西方经济学的理论基石。但是，市场并不能解决所有问题，一方面，相关生产者(企业)在获得最大利益时，造成生态系统污染、破坏，却并未对此进行赔偿或付费；另一方面，享受生态系统提供清洁水源、空气、生态安全的人群，并未付费，而保护生态系统的人群，牺牲发展机会，却未获得补偿。因此产生了经济的外部性。前者为负外部性，后者为正外部性。除非政府干预，市场本身无法解决这种"市场失灵"。为解决外部性问题，经济学家提出的方法主要是内部化，解决的路径有两个，一是征收生态系统破坏者的税收(庇古税)，二是明晰产权，由利益相关者自己协商解决(科斯定理)。

根据庇古的外部性理论，在边际私人收益(成本)与边际社会收益(成本)相背离的情况下，依靠市场的自由竞争不可能实现资源配置的最优效率以及社会福利的最大化，因此，需要政府采取适当的经济政策，消除这种背离。政府进行干预的原则应当是对边际私人成本小于边际社会成本的部门实行征税，对边际私人收益小于边际社会效益的部门实行补贴，从而把私人收益(成本)与社会收益(成本)背离所引起的外部性影响进行内部化，实现社会福利的最大化。这种征税和补贴通常被称为庇古税政策。

科斯(Ronald H.Coase)等新制度经济学家认为，第一，外部性往往不是一方损害另一方的单向问题，而是具有相互性。例如，按照庇古税理论，如果甲的经济活动对乙产生负的外部性，那么就应该甲对乙进行补偿。但是，科斯认为，避免乙的利益受到损失的同时也会对甲的利益造成损害。因此，真正的问题在于判断究竟是允许甲损害乙，还是允许乙损害甲？解决问题的关键在于如何从社会总体成本与福利的角度避免较严重的损失。第二，在交易成本为零的情况下，无论允许甲损害乙还是乙损害甲，都可以实现社会成本的最小化和社会福利的最大化，因为甲和乙可以通过自愿协商实现资源配置的帕累托最优。即如果交易成本为零，产权是明晰的，那么交易双方就可以通过自愿协商实现外部性的内部化，而不需要政府的干预和调节。在这样一种情况下，"庇古税"就没有存在的必要。第三，在交易成本不为零的情况下，外部性的内部化需要对不同的政策手段如政府干预和市场调节的成本-收益加以分析权衡才能确定，也就是说，庇古税既可能是有效的制度安排，也可能是无效的制度安排，而问题的关键是产权是否清晰(科斯，1991，1960)。简而言之，如果交易成本为零，无论权利如何界定，都可以通过市场自愿协商达到资源的最优配置。如果交易成本不为零，资源的最优配置就需要通过一定的制度安排与选择来实现。这就是所谓的"科斯定理"。科斯定理说明，在一定条件下，解决外部性问题可以通过市场交易或自愿协商的方式代替庇古税手段，政府的责任是界定和保护产权。

因此，庇古税理论强调政府干预，科斯定理强调市场手段。但是，对于市场化程度不高的发展中国家以及转轨或过渡经济国家，利用市场手段可能缺乏效率。市场交易或自愿协商的前提是产权明晰，但是很多公共产品的产权是难以界定的或者界定的成本很高，从而失去资源协商的前提。生态系统的服务部分功能的产权很难界定，加上中国的森林产权制度并不明晰，如果完全采用科斯手段，是难以解决外部性问题的。

三、生态环境价值理论

由于生态系统服务的主要功能是公共物品或准公共物品，很难直接进入商品市场，长期以来，生态环境无价的观念在人们的思想中根深蒂固，也渗透到社会经济的各个领域。生态环境是不是经济资源、是不是具有市场机制交换价值的资产、是不是可以带来增值的资本、有没有价值以及价值如何实现等，一直是学术界长期争论的问题。

Costanza 等(1997)的研究量化了生态系统服务的巨大价值，在生态系统价值评估方面起到了划时代的作用。随着工业化程度的提高，环境污染、生态恶化、流行性疾病暴发、淡水资源匮乏、能源危机等问题的威胁加剧，人们逐渐认识到，工业化程度的提高是以生态环境和自然资源的加速消耗为代价的，人类必须探索解决生态环境的经济政策。联合国千年生态系统评估(2005)测算，1960～2005 年，全球生态系统服务为翻了一番的人口和增长超过 6 倍的全球经济作出了巨大贡献，同时近 2/3 的生态系统服务能力却在下降。生态环境的价值开始引起前所未有的重视，生态服务价值成为生态补偿机制，特别是生态补偿标准确定的重要基础。

第四节　生态补偿重要理论综述

一、生态补偿标准的确定方法

长期以来，生态补偿标准的确定一直是生态补偿的核心和难点问题。在补偿标准的确定过程中，受到两个方面的因素影响。一方面，生态补偿的对象是生态系统本身还是生态系统的资源权属拥有者或经营者？如果是生态系统本身，就要以将生态系统恢复到稳定状态的顶级群落为目标，通过技术措施对受损的生态系统进行恢复，补偿的标准就是生态系统的恢复成本；如果是生态系统资源权属的拥有者或经营者，补偿标准就是以当前状态下生态系统服务功能价值或主要用途的资源价值为标准即可，不需要恢复达到顶级群落的稳定状态。另一方面，对于生态系统的服务功能，一部分是依赖自然条件形成的，一部分是通过生态资源所有者或经营者的保护建设而提高的，即人为增值部分，那么它是全部补偿还是仅仅补偿增值部分呢？

因此，出现了补偿标准的多种确定方法。一种方法是按照生态服务功能价值确定补偿标准。1993 年，联合国环境规划署(United Nations Environment Programme，UNEP)开展了生物多样性价值的评价，王健民(1997)提出生物多样性的价值包括直接、间接、潜在和存在四个方面的价值。由此可见，生态系统服务功能价值评估最早源于生物多样性价值的评估。但这些研究都仅仅停留在认识和概念层次，并未系统地对生物多样性的价值进行实际评估，因而未能引起生态学家和经济学家的重视，更未引起政府官员和社会公众的关注。直到 1997 年，Costanza 等(1997)和 Daily(1997)等首次对全球生态系统的价值按 10 种不同的生物群落区和 17 种生态系统服务类型用货币形式进行了测算，首次得出了全球生态系统每年的服务价值为$(1.6 \sim 5.4) \times 10^{13}$美元，平均为$3.3 \times 10^{13}$美元，相当于当时全世界 GNP 的 1.8 倍，生态系统服务的巨大价值才在社会各界引起震动，并成为生态系统服务价值评价的里程碑，从此，生态系统服务功能价值评估成为一个新的研究领域，也成为计算生态补偿标准的一种常用的技术手段和方法。但是由于评估技术方法较为复杂，以及对价值的分类尚未统一，即使同一区域、同一时间，不同的研究者的生态服务功能价值评估结果也不同，这严重影响这项工作的常态化、年度化评估。

对于生态系统服务功能价值的评估，我国与国际上几乎是同步起步的，但直到 Costanza 的研究成果发表之前，并未引起国内外学者的关注，也未得到进一步发展。1973 年，诺德豪斯(Willam D.Nordhaus)和托宾(James Tobin)提出用"经济福利准则"修改国民生产总值(Gross National Product，GNP)，引起了学者对环境资源价值计量的关注。1982 年，张嘉宾(1982)利用影子工程法和替代费用法估算了云南怒江、福贡等县的森林保持土壤功能的价值和涵养水源功能的价值。1987 年，Robert 提出了自然资源估价准则，并认为经济效益是估价自然资源价值的中心问题。20 世纪 90 年代末期是生态系统服务功能价值评估的重要阶段，很多学者开始重视并研究生物多样性和生态系统服务功能价值问题，且发展了相应的评价方法，并取得了一批实际评价成果。21 世纪以来，世界各国学者直接应用 Costanza 的价值分类模型，开展生态系统服务功能价值评估。我国学者及时开展了大量的生态服务功能价值评估，陈仲新和张新时(2000)开展了中国陆地生态系统服务功能价值评估，谢高地等(2001)开展了草地生态系统价值和青藏高原生态系统价值评估，辛琨(2009)开展了湿地生态系统服务功能价值评估。

生态系统服务功能价值被认为是确定生态补偿标准的重要参考依据，可以作为生态补偿的最高标准。但是由于生态系统本身的复杂性，以及理论和方法研究的滞后，采用的基础数据、方法和指标体系的差别，同一区域的计算结果相差很大，因而引起很多学者的质疑，加之目前所有的生态服务功能价值估算结果均远远超过财政承受能力甚至超过当地的 GDP 水平，计量结果在生态补偿政策和实践领域的运用受到限制(郭日生，2009)。尽管生态服务功能价值评估已得到广泛的应用，但是有些专家并不赞同其作为生态补偿的标准。例如，郭日生(2009)等认为，"生态服务价值评估的确重要，但直接将其作为生态补偿标准将使人误入歧途"。实际上，这是在尚未形成统一的国家标准之前的状况和认识上的误区。2009 年，国家林业局颁布了由中国林科院起草的《中国森林生态系统服务功能价值评估规范》，并首次对全国森林生态系统服务功能及其价值进行了评估。各省市和部分州市也先后按照这一规范，开展各省市的生态服务功能价值评估。除云南省按照这一规范完成 56 个国家级及省级自然保护区森林生态系统服务功能价值评估外，全国 373 个国家级自然保护区中，仅有不到 10 个国家级自然保护区完成了森林生态系统服务功能价值评估，而且大多数未按此规范评估，因而没有可比较性。很多学者不赞同生态服务功能价值作为生态补偿标准的主要原因是价值过大(李晓光等，2009)。笔者认为，当前生态服务功能价值过大，不能作为补偿标准的原因是没有将自然贡献和人为增值区分开来。生态系统服务功能一部分是历史和自然形成的功能价值，另一部分是人类保护和管护的新贡献，用总值减去本底值的增值部分，可以作为生态补偿的标准，同时，按照国家颁布的技术规范进行评估，才能在一个起点上进行比较，尽管标准不是所有指标全都合理。

鉴于这一状况，很多专家学者主张用成本法来确定生态补偿的标准。谭秋成(2009)认为，生态补偿成本(C_T)大体上可划分为直接成本、机会成本和发展成本。直接成本(C_d)包括为保护、修复生态环境而投入的人力、物力和财力的直接投入和为纠正生态服务利用外部性或实现生态服务交易对当地农民造成的房屋、树木、道路等的直接损失。机会成本(C_o)是由于资源的不同用途而产生的损失。例如，退耕还林使农民不能种植农作物而导致收入损失。发展成本(C_p)主要是生态保护区为保护生态环境放弃部分发展权而导致的损失。例如，水源保护区严格限制加工业等，地方政府因而减少税收和公共品的提供能力(谭秋成，2009)。欧阳志云等(2013)认为，生态补偿的标准应包括直接经济损失、机会成本和生态保护投入三个部分，未包括发展成本。由此可见，成本法也没有统一的技术规范，计算的补偿标准因人而异，不利于生态补偿机制的建立。笔者认为，尽管生态成本很有价值，但是到目前为止，还未发现一个省级甚至县级行政区域的生态成本核算结果，加上发展成本很难准确估算，直接投入的生态目标不确定，直接损失只有生态移民时存在。因此，仅有直接成本和机会成本两项可以明确地计算出来，机会成本作为生态补偿的标准成为现实的选择，直接成本可以通过生态工程进行投入和补偿。美国20世纪30年代实行的保护性休耕计划、我国实施的退耕还林工程均是采用机会成本确定生态补偿的标准，欧盟也是如此。

20世纪90年代以来，生态补偿标准的研究引起了很多学者的关注，也成为政府实施生态补偿的难点。但是到目前为止，这些研究大多停留在个案或者理论总结，无法指导现实中的生态补偿标准的制定，总的来看，大多倾向于生态成本法(郭日生，2009；李晓光，2009；谭秋成，2009)。生态补偿标准及其确定方法被认为一直是生态补偿机制建立之中的核心和难点问题(李晓光等，2009)。李晓光等(2009)提出的生态补偿标准确定的主要方法包括：①生态系统服务功能价值法；②以协商为主的市场理论方法；③以机会成本法、意愿调查法和微观经济学模型法为基础的半市场方法。他们通过对海南省中部山区的生态补偿标准研究后进一步认为，机会成本是合理地确定生态补偿标准的方法，具有科学性和普遍适用性，并按照这一思路和方法，计算出海南中部山区的生态补偿标准。

笔者认为，生态补偿本身是一个多方利益群体博弈的过程，补偿者希望越少越好，被补偿者希望越多越好，仅有一个标准，没有协商的余地，生态补偿也就无法实现。因此，应当以生态服务功能价值评估为基础，以生态服务增值为最高标准，以机会成本为最低标准，以此作为协商谈判的参考标准。实际上，以机会成本为标准补偿给林地所有者的农户，只能作为农户不毁坏森林作为它用的成本，要求农户保护这片森林不被偷砍盗伐，还需要支付管护成本，如果还要进一步对低效或已经损害的森林生态系统进行抚育、修复、恢复以提高其功能、结构，需要再支付修复成本或建设成本。

无论采用哪种方法计算生态补偿的标准，都要回到生态补偿的基本理论依据，即经济的正外部性对生态系统的保护和经济的负外部性对生态系统的破坏，以及外部性的内部化。由于已有的研究大多以天然林保护、退耕还林、生态公益林或流域为对象，这些区域没有明显的行政和法律边界，难以准确地计算生态服务功能价值和机会成本的总体情况，因而难以找到补偿标准的一般规律。对于自然保护区生态补偿标准的研究，大多是理论研究或者选择单个保护区，难以制定系统的补偿标准，既没有揭示其普遍规律，也没有揭示其特殊规律。从已有的文献看，还没有特殊的方法来确定自然保护区生态补偿标准，基本上是按照以上通用方法，仅仅提出保护区补偿标准应高于一般生态区域补偿标准，并未回答为什么应当高于一般生态区域的一般标准，以及应当高出多少倍等问题。例如，汲荣荣(2012)开展的"民族地区自然保护区生态补偿标准研究"，王蕾等(2011)开展的"自然保护区生态效益补助方案研究"，刘薇(2005)、甄霖等(2006)、闵庆文等(2007)、黄润源(2011)等对相关省区自然保护区的生态补偿机制研究，对单个自然保护区的生态补偿标准研究包括青海省三江源(李屹峰等，2013)、壶瓶山(秦中云，2006；戴广翠等，2012)、武夷山(李坤福，2012)、九寨沟(章锦河等，2005)、鄱阳湖(蔡海生等，2010)、赣江源(朱再昱等，2009)、深圳福田红树林(陈艳霞，2012)、衡水湖(白宇，2011)、盐城丹顶鹤(王亮，2011)、祁连山(翁海晶，2012)。

截至2012年底，我国已批准建立373个国家级自然保护区，仅仅有16个国家级自然保护区开展了生态补偿标准的研究，而且采用的技术方法不同，这对于完善我国自然保护区生态补偿机制是远远不够的，理论研究仅局限于方法、技术的一般讨论，并没有具体的计算结果，难以提供科学的决策依据。

二、生态补偿的资金来源

充足的资金来源是生态补偿机制建立的基础。目前与生态补偿直接相关的全国性的税费主要有资源税、矿产资源费和排污费，这些是惩罚性收费，依据的是"谁破坏谁付费"原则。天然林保护、退耕还林(草)、公益林补偿和中央财政国家重点生态功能区转移支付四大中央生态补偿工程，资金来源都是中央财政，但并未说明这些资金的最初来源，社会公众对税费敏感，对财政资金使用的知情权要求越来越高，无论征收还是使用纳税人的钱，这些资金来源必将引起公众的关注。从地方政府实践来看，资金大多从水费、电费中提取，但如何确定收取范围，收取标准的理论和技术问题目前尚未解决。不解决资金来源问题，生态补偿机制的建立就成了"无源之水"。

目前关于生态补偿资金来源的专门研究也不多。从已有的国内文献看，依据庇古税理论提出征收生态税(曲顺兰和略春城，2004；邢丽，2005)，主要方法是通过改革整合现有的资源税和城市建设费，或者恢复开征生态环境补偿费(任勇，2008)。这两种方法都是依据"破坏者付费"的原则。温作民(2002)根据森林生态服务功能价值提出征收森林生态税，龙开胜(2011)提出生态地租征收生态税。后两种方法已向"受益者付费"方向进步了，但仍未解决如何征收、征税的税率标准问题。以上种种建议，都只是解决了认识问题，在现实中的操作问题并没有解决。

目前，大多数专家认为，生态补偿资金来源于政府财政、市场交易和社会捐赠三个方面，而政府财政来源主要是通过征收生态税费，并认为税和费并行的局面可能长期存在(任勇，2008)。按照"谁受益谁付费"的原则设立生态税的呼声越来越高。市场机制的生态补偿资金来源，主要存在于地方和区域性生态补偿的实践中。总体来看，目前我国并未解决生态补偿资金来源的理论、政策和实践操作层面的问题。因此，有必要对国内外生态补偿资金来源解决的经验进行总结，提炼出值得借鉴的经验和解决的方法。

任勇等(2008)研究了生态补偿机制的财政政策问题后提出，生态补偿资金可以从财政固定收入、项目预算、转移支付、地方财政收入和市场五个方面解决。一是从生态建设相关的财政收入中切出一块，建立纯政府性生态补偿资金。包括资源税中的中央部分，全部用于生态补偿，地方部分10%用于生态补偿；资源有偿使用收益的5%专项用于生态补偿；排污费的5%专项用于生态补偿；土地出让金的5%作为生态补偿的固定收入。二是恢复开征环境补偿费，30%专项用于生态补偿。三是改革现行会计制度，通过企业内部成本结构的改造，把生态成本纳入企业成本之内。笔者认为，财政转移支付不是生态补偿资金的初始来源，因为政府仅仅是资金的管理者和政策的制定者以及生态补偿机制的运作者，使用的财政收入和转移支付，最初来源于纳税人的税费和上交的费用。

国际上生态补偿资金的来源主要有以下三个方面。

(1)资源税费。例如，世界各国通行的排污费征收制度；德国对于新开发矿区预留复垦专项资金；美国的恢复治理保证金制度；加拿大以森林旅游为主的森林公园、植物园、自然保护区，从其门票收入中提取一定比例补偿费给育林部门；欧盟的二氧化碳税；英国在国有林区征收放牧税；哥伦比亚对污染者和受益者收费(李文华等，2006；郭日生，2009)。其中最典型的案例是巴西的生态税和欧盟碳税、哥斯达黎加森林生态补偿基金。

(2)市场交易。市场交易分为私人(企业)为主的交易和政府为主的交易。私人交易如澳大利亚Mulay-Darling流域下游的食物与纤维协会向上游新南威尔士州林务局购买盐分信贷；哥斯达黎加Energia Global私营水电公司向国家林业基金上交资金，国家林业基金再另外配套30美元，支付给上游的私有土地主，要求他们将土地用于造林及保护林地(朱杜香，2008)。政府交易如我国浙江金华江流域的水权交易。

(3)社会捐赠。我国社会捐赠资金用于生态补偿的案例较少，主要原因是当前我国捐赠法规不健全，社会捐赠的积极性不高，但是这方面的潜力是巨大的。欧美国家乃至我国港澳地区社会捐赠量很大，法规健全，大多是通过基金会的方式接收、管理和使用。

根据上述案例和有关研究成果，笔者认为，生态补偿资金的来源目前仍然要坚持利用政府、市场和社会三种资源。一是要对现行税费政策在深入调查的基础上，进行认真分析和研究，通过对资源税、消费税进行调整，对有关生态性使用部分，特别是对占用生态生产空间的生物性消费和能源产品消费，征收生态服务税，体现"使用者付费"原则。二是要坚持已有的排污费、矿产资源费收费政策，对已经达到破坏生态系统的污染行为，依法禁止，对尚未达到破坏，但有损害性质的污染行为，进行收费，用于污染治理和受到损害的生态系统的修复和恢复，体现"破坏者付费"原则。当然，如何评价生态系统受到的损害，损害的程度和经济损失，以及生态系统的恢复成本是目前的难点。笔者认为，可以采用生态系统物质循环和能量流动的测定方法，以生态过程的正常与否作为基本标准，确定是全部中断、部分中断，还是减弱来评估。三是要建立生态服务直接使用付费制度。特别是在水电资源领域，鼓励用水费和电费中一定比例上交生态费，在生态旅游领域，制定特许经营办法，从门票收入中提取生态服务费。体现"受益者付费"原则。四是要进一步完善和健全生态服务的市场交易机制和政策,积极鼓励生态服务交易,如二氧化碳交易市场。目前世界上仅有欧盟和美国有碳交易所,我国还没有适合中国国情的交易规则和场所。五是要鼓励社会捐赠,修订捐赠法,建立生态补偿基金会,赠予生态补偿基金组织的金额可以扣除增值税,接受企业和个人捐赠,用于特殊地区的生态补偿。

第五节　生态补偿理论发展的轨迹与走向

20 世纪 80 年代以来,国内外就开始了生态补偿的实践探索和理论研究,直到 1997年,Costanza 等发表"世界生态系统服务和自然资本的价值",对全球生态系统服务功能进行科学评估,提出了评估的方法,生态补偿的实践和理论研究才出现了转折。它不但使生态系统服务功能评价价值化,也为生态补偿的标准确定提供了里程碑式的基础成果。1992 年,加拿大生态经济学家 Rees 提出的生态足迹测量方法为定量评估人类活动利用和影响生态系统提供了科学的、可测量的量化新技术、新方法、新思路。目前,这两个技术方法得到国际学术界的广泛认可和应用,成为生态经济学的基本方法。

我国学术界及时对这两个方法进行了引进、吸收和应用,但真正出现应用性成果,已经是 10 多年后的事情了。代表性的成果一是国家林业局 2008 年颁布了《中国森林生态系统服务功能评估规范》(LY/T 1721—2008),2009 年 12 月首次发布了《中国森林生态系统服务功能评估》报告;二是杨开忠(2009)对全国各省区生态足迹的研究,章锦河等(2004)在 2004 年和 2005 年先后发表的安徽黄山和四川九寨沟的旅游生态足迹与生态补偿标准的研究论文,建立了基于旅游的生态足迹模型和生态补偿标准,为生态服务收费的标准和来源奠定了基础。

尽管有这些国际国内的研究基础,但我国生态补偿标准和机制的研究并未在学术界达成共识,也没有得到政府及其部门的应用和直接采纳,仍然停留在学术研究阶段。没有生态补偿标准和生态服务收费来源的基本共识,进一步的生态补偿机制的建立就无从深入下去,也更难在政府、企业、公众之间达成共识。目前,仍然有很多生态补偿的科学问题需要进一步深入研究和解决。一是对生活在自然保护区等禁止开发区内的居民实施生态移民还是进行生态补偿更好?二是生态服务功能及其价值在空间上和时间上的流动规律是如何影响生态补偿机制的?三是生态税费机制建立特别是税率确定的科学依据是什么?四是生态系统的正负外部性的作用机理是什么?五是生态补偿标准确定的技术规范如何制定?六是生态补偿绩效考核的技术规范如何制定?这些都是需要攻克的技术难点,本研究试图对这些问题作研究探讨。

第三章 生态补偿：理论分析框架

第一节 生态补偿的理论依据

随着工业化的快速发展和人口的急剧增长，不合理的经济活动对生态系统结构和功能的损害已经严重影响人类社会的生存和经济的持续增长，这一状况在我国尤为突出，生态补偿已经成为 21 世纪生态经济学研究的热点和社会关注的重点。生态补偿理论，源于生态系统理论、公共物品理论、经济外部性理论、福利经济学理论和自然资本论。

从生态系统理论角度看，当遭受外界的影响而受到损害后，生态系统的结构和功能可以通过生态演替自然恢复，也可以通过人为努力加速其恢复或重建。自然恢复的速度很慢、时间很长，人工恢复的速度快，但其结构和功能很难达到原生生态系统的状态。当生态系统遭受地带性和区域性大规模损害时，生态演替不可逆转，成为生态危机。因此，保护生态系统不受损害，或者主要物种不毁灭，物种结构基本稳定，物质循环基本正常、能量流动不中断，自我调节基本运行，应当成为生态系统保护的最低、基本目标。生态系统的破坏大多是由人类活动、不合理资源利用方式、不合理经济结构和发展方式造成的，人类应当从经济发展的收入中提取一部分，用于保护、恢复、修复生态系统，促进生态系统的结构和功能恢复、物质循环和能量流动正常稳定，维持其对人类生存发展的支持。遗憾的是，目前我国的大多数生态工程，并未从这一基本原理出发，而是注重人工造林，建立人工生态系统，其结构和功能无法达到稳定，也不具备自我调节的机制，更难提供更高质量的生态服务。

从公共物品理论角度看，生态系统通过物质循环和能量流动，依靠生物的功能，为人类社会提供了人类自身无法生产的物质资源和生态服务功能。一个稳定的生态系统，其生态功能在满足本身需要的同时，可以向系统外释放氧气、水源，吸收系统外的二氧化碳，为人类社会提供生态服务，进入大气的氧气、流入江河的水，乃至净化过的水、空气，既不可能排斥其他人利用、也不会因为其他人的利用而减少，因此，体现了使用上的非排他性和消费上的非竞争性，这是公共产品的标准特点。生态系统提供的景观，虽然一个人享受后并不影响其他人享受，但是同一时间，不能容纳过多的人，体现了使用上的排他性和消费上的非竞争性，这是准公共产品的特点，即俱乐部产品。生态系统的物质资源的过度利用或破坏是导致生态服务功能下降或消失的主要因素，如果不界定生态系统的物质资源的产权而成为公共资源，如土地权属及其附着其上的森林权属、水体权属等，很容易出现公地悲剧，生态系统的服务功能可能因为其物质资源的破坏而消失。因此，生态系统极为特殊，以纯公共产品特性为主，同时具有俱乐部产品和公共资源的准公共产品特性。

从外部性理论角度看，拥有或管理生态系统的社会主体，因保护生态系统的物质资源和生态服务功能，丧失经济发展的机会，而生态系统公共产品特性，难以确定受益主体，得不到补偿，特别是确定为禁止开发和限制开发区的地方政府和居民，从而出现经济活动的正外部性。另外，很多排污、排废的企业以及大规模采伐资源的活动对自然生态系统造成污染、破坏，甚至导致生态系统的毁灭，没有付出任何成本，也未能对保护生态系统的社会主体给予补偿，出现经济活动的负外部性。对于破坏性的活动，应当在法律上完全禁止，不存在生态补偿的问题。为避免灾难性后果发生，对于生活在核心区域的居民，应当实施生态移民。不同的产业、不同的部门以及不同区域的人群从事不同产业，对生态系统拥有的产权不同，对生态系统保护、恢复、修复的贡献或破坏不同，分别扮演着保护者、受益者、破坏者的角色，在生态系统结构、功能的保护、恢复、修复中，分别作出不同的经济贡献，受益者应当从经济收入中拿出一部分，补偿给提供生态服务的保护者、拥有者。

从福利经济学角度看，人类社会对自然资源管理的改进包括两种方式。一种是帕累托改进。由非帕累托最佳状态向帕累托最佳状态的变化称之为帕累托改进。所谓帕累托最佳状态是指使某个人的境况变好的同时，不能使另一个人的境况变坏的状态。这种改进的基本特征是至少有一个人受益，但不会有任何人受损，这是一种高效率的状态，这样的改进往往依赖于市场机制。另一种改进被称为卡尔多-希克斯改进。这是一种既有人受益，又有人受损的改进。按照卡尔多-希克斯意义上的效率标准，在社会资源配置过程中，如果那些从资源重新配置过程中获得利益的人，只要其所增加的利益足以补偿在同一资源重新配置过程中受到损失的人的利益，那么，通过受益人对受损者的补偿，可以达到双方均满意的结果，这种资源配置就是有效率的。生态补偿机制属于卡尔多-希克斯改进，通过受益地区、行业对生态保护付出代价，作出贡献的地区、行业得到应有的补偿，达到生态改善的目的。这一性质决定了生态补偿既离不开不同区域、不同行业、不同部门、不同经济主体之间的讨价还价和资源协商，又离不开政府的强制力和行政协调(沈满洪和陆箐，2004；丁任重，2009)。

总之，各种不同的理论都强调生态补偿的必要性和重要性，只是说明这种必要性和重要性的立足点和视角不同，主张补偿实现的目的以及实施补偿的方式方法不同罢了。

第二节　生态服务功能的空间流动与生态系统的外部性

生态服务功能的空间流动及其价值的异地实现与生态补偿的范围和主体的关系，长期以来一直未得到生态经济学家的关注。郭中伟和李典谟(1997)认为，生物多样性为人类提供的利益由于形成和可利用方式不同，因而所产生的使用价值在实现方式上也有所不同。这是已有文献最早而且唯一关注对生物多样性价值在空间上的流动和过程的研究，对于生态服务功能价值的空间流动具有重要参考价值。例如，森林中的果实采摘下来后可以马上直接享用，但是森林涵养水源等其他一些功能的使用价值，在空间上流动，到达一个具备适当外部条件的地区，才能发挥其功能、实现其使用价值，称为"生态系统服务功能在空间上的流动"现象。从生态系统服务功能价值的角度看，实际上这是生态系统中的物质产品可以直接实现其使用价值，而其他生态产品需要通过空间上的流动才能实现其使用价值的现象。

　　生态系统固碳释氧和净化大气的功能,通过山谷内的气流循环,影响到流域内的农田、城市等其他生态系统,通过大气环流流向流域外乃至全球生态系统,对全球生态系统和人类的生存、生活乃至生产活动产生影响;保育土壤和生态防护功能既促进生态系统内的物质循环和能量流动,也对流域下游的水库泥沙淤积起到节制作用;生态游憩功能,只有当旅游者到达生态景观所在地,才能实现其功能和价值。物种保育功能较为特殊,它既对维持生态系统本身的结构稳定、物质循环和能量流动具有重要意义,也对系统外乃至全球生态系统的恢复、修复具有种子库的作用,而建群种和关键种的存在,是生态系统类型划分的基本依据,食物链的形成主要依靠不同物种所处的生态位不同,建立物质循环和能量流动,特别是通过动物快速延伸到其他生态系统,包括通过食物延伸到人类社会。这些不同功能的不同空间流动规律,形成了生态系统的外部性。生态系统的外部性,既有正的外部性,对其他生态系统和人类社会产生正面的和有益的影响,如固碳释氧功能,吸收和固定二氧化碳,可以减缓气候变暖,增加负氧离子浓度,促进人类健康;也有负的外部性,对其他生态系统和人类社会产生负面的和不利的影响,如当生态系统的某一物种进入其他地区时,会以原生地几十倍的速度繁殖,形成外来入侵物种,对当地生态系统造成严重破坏;或者当原生地生态系统承载力不够时,野生动物会跑出其长期生活的区域,毁坏农作物,乃至造成房屋毁坏和人身伤害(表3-1)。

　　生态系统服务功能及其价值的空间流动,一方面,决定了生态系统的外部性。生态系统是一种开放的系统,生态系统通过食物链和食物网,既实现了系统内部的物质循环和能量流动,又实现了与系统外部的物质和能量交换。另一方面,生态服务的不同功能的空间流动范围不同,其价值实现的空间不同,生态服务的范围不同,受益的范围和影响的范围也不同,对于确定生态补偿的利益相关者和生态补偿机制的建立也有不同的方式。生态系统的外部性和生态服务功能的空间流动规律,尚未引起生态经济学家的关注和重视(郭辉军,2013)。

第三节　生态补偿的概念及其完善

　　国外关于生态补偿的概念有多种,比较常用的是生态服务付费(payment for ecological services, PES),Noordwijk 等(2005)和 Wunder(2005)分别代表 Rupes 项目和国际林业研究中心(The Center for International Forestry Research)归纳提出了 PES 的概念,强调"由于土地使用者往往不能因为提供各种生态环境服务而得到补偿(包括水流调节、生物多样性保护和碳蓄积等),因此,对提供这些服务缺乏积极性,通过对提供生态服务的土地所有者(或使用者)支付费用,可以激励保护生态环境的行为,该措施还可以为贫困的土地所有者提供额外的收入来源,以改善他们的生计"。另一个常用的概念是生态环境补偿(compensation for ecological/environment services),主要是指通过改善被破坏地区的生态系统状况,或建立新的具有相当的生态系统功能或质量的栖息地,来补偿由于经济开发或经济建设而导致的现有的生态系统功能或质量的下降或破坏,保持生态系统的稳定性(郭日生，2009)。国内生态补偿的概念有多种，经济学家与生态学家对生态补偿的理解不同，因而其政策取向、出发点和目的也不同。生态学家大多从自然生态补偿出发来引申，其含义为"生物有机体、种群、群落或生态系统受到干扰时，所表现出来的缓和干扰、调节自身状态使生存得以维持的能力，或者可以看作生态负荷的还原能力"(《环境科学大辞典》编委会，1991)。经济学家大多认为，生态补偿是生态效益、生态服务的享受者、破坏者对提供者、保护者的经济补偿。

我国最早的生态补偿概念由张诚谦(1987)提出，他认为"生态补偿是从利用资源所得到的经济收益中提取一部分资金，以物质和能量的方式归还生态系统，以维持生态系统的物质、能量，输入、输出的动态平衡"。陆新元(1994)认为，"生态环境补偿收费是指对开发或利用生态环境资源的生产者和消费者直接征收相关费用，同时用于补偿或恢复开发和利用过程中造成的自然生态环境破坏"。毛显强等(2002)认为，"生态补偿是通过对损害(或保护)资源环境的行为进行收费(或补偿)，提高该行为的成本(收益)，从而激励损害(或保护)行为的主体减少(或增加)引起行为带来的外部不经济性(或外部经济性)，达到保护资源的目的"。沈满洪和陆菁(2004)认为，"生态保护补偿机制，就是通过制度创新实行生态保护外部性的内部化，让生态保护的'受益者'支付相应的费用；通过制度设计解决好生态产品这一特殊公共产品消费中的'搭便车'现象，激励公共产品的足额提供；通过制度变迁解决好生态投资者的合理回报，激励人们从事生态保护投资并使生态资本增值的一种经济制度"。李文华等(2006)认为，生态补偿是用经济的手段，激励人们对生态服务功能进行维护和保育，解决由于市场机制失灵造成的生态效益的外部性并保持社会发展的公平性，达到保护生态环境效益的目标"。王潇等(2008)对生态补偿的概念进行了系统的总结和分析，提出"生态补偿是为了保护和改善生态环境，维护生态系统服务功能，实现人类社会和自然生态系统的协调可持续发展，通过综合利用行政、法律、经济等手段，对造成生态破坏、环境污染问题的个人和组织的负外部性行为进行收费(税)，对恢复、维持和增强生态系统服务功能作出直接贡献的个人和组织的正外部性行为给予经济和非经济形式补偿的一种管理制度。"

从上述国际、国内提出的生态补偿概念来看，一方面，国外土地产权相对清晰，人口增长与土地资源的矛盾不突出，主要是生态服务付费。生态补偿是中国概念，中国既有生态服务付费的问题，也有产权和人地矛盾的问题，存在破坏者付费的问题，使用生态补偿在我国比较合适。另一方面，国际国内都存在侧重于生态学和侧重于经济学的两种不同的理解，都是不全面的、甚至是有害无益的。生态学家忽略了经济活动对生态系统的调节作用，重视生态恢复的技术和工程实施，经济学家重视人与人的经济关系，忽略了生态补偿的目的是恢复生态系统的结构和功能。只有把二者有机结合起来，才能通过建立生态补偿机制实现人与自然的协调发展。从上述具有代表性的概念表述可以看出，有些基于外部性理论，有些基于公共产品理论，有些基于生态系统理论，有些基于损害者付费，有些基于受益者付费，各有侧重。总的来说，大多基于用经济手段解决生态环境问题，主张通过市场经济的外部性问题来解决和纠正经济的不合理方式，促进生态环境的保护。

遗憾地是，大多数学者都忽略了两个问题，一是生态系统也存在外部性问题，即生态系统生态服务功能超过本身所在的区域时服务价值外溢效应而产生的正外部性，当生态系统野生动物种群数量超过承载能力时，到区外觅食等活动经常造成作物损毁甚至人身伤害，从而产生负外部性。二是生态补偿的目的是促进生态系统结构和功能的保护和恢复。生态系统的破坏大多是人类活动、不合理资源利用方式、不合理经济结构和发展方式造成的，人类应当从经济发展的收入中提取一部分，用于保护、恢复、修复生态系统，促进生态系统的结构和功能恢复、物质循环和能量流动正常稳定，维持其对人类生存发展的支持。

笔者认为，张诚谦（1987）和王潇等（2008）的界定各有侧重，把二者综合起来较为全面，前者将经济行为与生态系统进行了有机结合，但未解决经济行为的方式，后者对经济手段进行了全面概括，但未与生态系统结合起来，只有将两个概念结合在一起并适当补充，并增加生态系统的外部性问题，才能充分体现生态补偿的概念。即：生态补偿是为了保护和改善生态环境，维护生态系统服务功能，通过综合利用行政、法律、经济等手段，对造成生态破坏、环境污染问题以及直接使用和享受生态服务功能的个人和组织的负外部性行为进行收费（税），对保护、恢复、维持和增强生态系统服务功能作出直接贡献的个人和组织的正外部性行为给予经济和非经济形式补偿，以物质和能量的方式归还生态系统，以维持生态系统的物质、能量，输入、输出的动态平衡，促进生态系统的结构上的稳定和功能上的提高，以及对生态系统的负外部性造成人类生产生活损失给予补偿，促进人与自然和谐发展的一种管理制度（郭辉军，2013）。

第四节　生态补偿的相关利益主体及其关系

利益相关方分析对于建立生态补偿机制意义重大。过于复杂和详细的利益相关方界定，不利于政策的制定和执行的效率，过于简单的利益相关方界定，可能忽略重要的利益相关者。谭秋成（2009）认为，生态补偿项目中存在着谁来补偿和谁应得到补偿极为关键的两方。部分生态补偿项目需要政府作为全局利益和子孙后代的代表，而中央政府被认为是这一合适的代表，政府能减少讨价还价的交易成本和"搭便车"行为。他同时提出，生态补偿机制包括政府补偿、市场补偿和社区内部补偿三种机制。丁任重（2009）认为，生态补偿的主体分为三类：生态资源的供给者、受益者和管理者，区域生态补偿的对象为生态功能区。欧阳志云等（2013）认为，目前我国生态补偿对象、范围、标准和方式的确定，主要以政府决策为主，没有利益相关者参与协商的机制，生态保护者的权益和经济利益得不到保障，不能满足我国生态保护的要求，因此要建立政府主导、全社会参与的原则，建议按照生态补偿载体的土地权属和使用权属特征为基础，确定生态补偿的对象为拥有和使用集体土地的农民、牧民。

由此可见，目前国内对生态补偿利益相关方的界定尚未形成一致的看法。笔者认为，生态补偿的目的是促进生态系统结构、功能稳定，以及受损生态系统结构和功能的修复和恢复，手段是应用经济措施使经济行为的外部性内部化，并减少生态服务公共产品使用的"搭便车"行为，保护者收益、使用者付费，促进生态系统健康、稳定，生态效益最大化。因此，生态补偿中的利益相关方界定要从四个层次进行。第一个层次是自然生态系统中的关键物种和经济社会系统中的人。第二个层次是经济社会活动中的补偿主体和补偿对象，补偿主体是生态服务的受益者、生态系统的使用者和破坏者，补偿对象(客体)是生态服务的提供者、生态系统的建设者和保护者。第三个层次是生态系统服务不同功能及其空间流动范围的主要相关方界定。第四个层次是具体项目的利益相关方，根据具体项目实施范围进行界定，这是操作层面的主要任务。

生态补偿是对相关方的利益调整，并将利益相关方界定为受益者和受损者，包括当代人和后代人，以确定生态补偿的补偿者(补偿主体)和被补偿者(补偿对象或补偿客体)，这是基于经济的正外部性和负外部性。有学者认为，破坏者和政府不是利益相关方(郭日生，2009)。尽管如此，大多数研究基本忽略了生态补偿的目的，即保存、保护、修复和恢复生态系统，实现生态系统的结构稳定和功能提升。世界环境与发展委员会(Word Commission on Environment and Development，WCED)提出：生物圈并非人类所独有，人类应将生态生产土地面积的12%用于生物多样性的保护上。因此，笔者认为，生态系统本身是最重要的利益相关方。忽略生态系统作为生态补偿利益相关方的后果极为严重，那就是生态补偿的资金一分也不会用在生态恢复和修复上，其结果是使用生态补偿资金破坏生态系统！

如果将生态系统的服务功能作为生态产品来研究，生态补偿的利益相关分析和界定就简单得多。自然界是生态产品的生产源头，人类可以加速和减缓乃至彻底破坏这一过程，生态服务功能的生产和消费中，可以分为生态产品的生产者、消费者两个基本的利益相关者，因此，生态补偿中的利益相关者包括三个方面：一是生态补偿的主体，生态产品的消费者、受益者、使用者和破坏者；二是生态补偿的客体，生态产品的生产者、提供者、管理者和保护者；三是生态补偿的对象，生态产品生产区域内的动植物、生态系统和生态景观。与商品生产类似，生态产品的生产，涉及相应的生产要素，包括传统三要素(土地、资本、劳动)，以及两个新要素(技术和管理)。与商品生产不同的是，生态产品是公共产品，难以确定具体的单个消费者，自然界的能量和生物有机体是第一生产者，通过生产要素的投入，可以加速和增加生态产品的生产和供给水平。这是需要深入进行研究的一个领域(郭辉军，2013)。

表 3-1　基于生态系统服务功能的生态补偿利益相关方界定

序号	生态系统服务功能	流动空间范围	公共产品类型	补偿主体
1	涵养水源	功能区内—区外	纯公共产品	中央、地方政府
2	保育土壤	功能区内	准公共产品	地方政府
3	固碳释氧	功能区外	纯公共产品	中央政府、国际
4	积累营养物质	功能区内	准公共产品	地方政府
5	净化大气环境	功能区外	纯公共产品	中央政府、国际
6	物种保育	功能区内—区外	纯公共产品	中央政府、国际
7	生态防护	功能区内—区外	纯公共产品	地方政府
8	生态游憩	功能区内	准公共产品	企业、旅游者

资料来源：作者根据相关资料整理。

由于生态系统物质和能量在空间流动，生态服务功能具有明显的外部性特点，其服务空间尺度大小取决于自然规律，不同服务功能空间尺度不同，同一服务功能也有空间尺度变化，例如净化大气功能，受到大气环流影响而具有全球性空间尺度，有时受到山地和河谷地形影响而具有小气候空间；涵养水源和净化水质功能，因径流区大小不同，形成的河流大小长短不同，既有区域性的空间尺度，也有小流域的空间尺度；生态游憩功能，只有当旅游者到达该区域才能发挥其功能。因此，生态补偿的利益相关者因生态服务功能的空间流动而发生改变，主要是自然区域而非行政区域决定利益相关者。

概括而言，生态补偿涉及政府、市场、企业和公众四类主体，这四大主体既相对独立，各有其不同的定位和利益目标，又相互联系相互依存，各主体形成了生态补偿的矛盾统一体。

就职能作用和利益目标而言，政府主要作决策，提供政策和公共产品，投入偏向公共支出，主要追求公共福利最大化；市场主要是定价，提供市场信息，投入偏向价值和价格信息，主要追求经济激励最大化；企业主要是生产经营，提供产品和服务，投入偏向生产要素，主要追求企业利润最大化；公众主要是消费，提供购买力，投入偏向消费偏好，主要追求效用和收益最大化。它们之间有关联，又有一定的矛盾性。正确处理四者之间的矛盾性，让四大要素主体协同作用，有序运行，形成合力和倍增效应，是搞好生态补偿的重要前提和基础。

构建生态补偿的有效机制，必须建立起"政府引导、市场配置、企业支撑、公众参与"的协同推进机制。政府要通过建立和完善相应的政策，强化政府职能，优化市场功能，加强环保科技研发和人才培养，推动企业战略转型和产业结构调整，引导企业生产和公众生活向保护生态环境和低碳化转变。市场机制要通过相关的市场规范和秩序，特别是将环境污染和碳排放权利等相关标的物纳入市场交易，为生态补偿其他主体提供经济刺激的动力，激励企业和公众主动减排降耗，保护环境。企业是生态补偿的重要主体，企业不仅是各种生产要素、各种商品和服务的提供者和购买者，也是生态产品的主要承担者。要充分发挥企业的主体作用，明晰和强化企业的环境责任，有效增强企业开展环境保护和发展低碳经济的内生动力和能力。公众的环境意识和低碳生活方式是搞好生态补偿的强大动力，公众参与和监督也是政府生态补偿政策得以充分落实的重要条件，因此，生态补偿要使公众广泛参与，充分考虑公众的利益诉求。

第五节　生态补偿的类型

生态补偿类型有多种划分方法，沈满洪等(2004)提出了四种划分方法，包括：①按补偿对象，可划分为对生态保护作出贡献者给以补偿、在生态破坏中的受损者进行补偿和对减少生态破坏者给以补偿；②从条块角度，可以划分为"上游与下游之间的补偿"和"部门与部门之间的补偿"；③从政府介入程度，可分为政府的"强干预"补偿机制和政府"弱干预"补偿机制；④从补偿的效果，可分为"输血型"补偿和"造血型"补偿。俞海和任勇(2008)提出了两种划分方法，包括：①基于地理尺度和生态要素，分为国际生态补偿和国内生态补偿，国内生态补偿又分为重要生态功能区、流域和生态要素补偿三类；②基于公共物品属性特征，分为纯粹公共物品、共同资源、俱乐部产品和准私人物品生态补偿四种类型。闫伟(2008)将生态补偿分为政府补偿、市场补偿和民间补偿三类。郭日生(2009)将生态补偿机制分为政府主导的生态补偿、基于市场交易的生态补偿和社区参与的生态补偿三种类型。江秀娟(2010)提出了两种分类方法，包括：①从自然资源要素角度，分为森林、草原、海洋、湿地、农业及水资源六种生态补偿类型；②从生态区域要素角度，分为生态调节功能区、产品提供功能区和人居保障功能区三种生态补偿类型。由此可见，政府和市场补偿两种类型大多数都没有争议，第三种类型分别为民间补偿和社区补偿，笔者认为，社区是最基层的组织形式，不能作为一种类型。这些分类方法对于理论研究都有很好的借鉴意义，但从中国的行政管理体制和可操作性角度看，按照自然资源要素和资金来源两个角度进行分类较好。

生态补偿可以分为政府补偿、市场补偿和社会补偿三种类型。每一个类型都可以分为森林、草原、湿地、海洋四种自然生态系统类型，每一种生态系统类型，还可以根据生态系统的八种生态服务功能及其空间活动范围进行细分。

一、政府补偿

由于经济活动的外部性和生态系统的外部性，会出现市场失灵和外溢效应，完全依靠市场机制无法解决，必须依靠政府的干预。一方面，需要政府通过征收税费解决生态建设的资金来源问题，支付生态建设的成本和生态效益提供者的机会成本，从而实现外部效应的内部化；另一方面，需要政府制定相关规则，明确利益相关方的责任、义务和权益，降低协商成本和交易成本。

生态系统的大多数服务功能，不仅区域内的人群受益，而且区域外的人群也受益，不仅当代人受益，还涉及子孙后代。政府，特别是中央政府，是全局利益和后代人利益的代表者，因此，为协调区域内和区域外以及不同利益群体的人与自然和谐、实现当代人与后代人的代际公平，政府主导的生态补偿应当成为生态补偿的主体。

中央政府、地方政府和基层社区组织，应当根据生态系统服务功能的空间分布和行政界限，决定不同类型的生态补偿实施责任主体。

目前我国实施的森林生态效益补偿和重点功能区转移支付，美国实施的保护性退耕计划，都属于政府主导的生态补偿类型。而退耕还林属于生态建设与生态补偿相结合的工程项目，天然林保护仅仅属于生态保护工程。

二、市场补偿

生态系统的部分服务功能流动的空间相对较窄，例如涵养水源和净化水质，或者仅仅在区域内循环，例如生态景观，当产权明确后，很容易界定利益相关方，易于明确受益者和提供者，从而生态服务功能的受益者和提供者可以通过市场交易实现外部性的内部化。因此，在生态服务功能流动空间较窄和利益相关方易于界定的情况下，生态补偿可以采取市场交易和自愿协商的方式进行。

市场交易的生态补偿标准的确定，仍然是机制建立的核心问题和协商谈判的基础。生态系统的服务功能，一方面是大自然的贡献，故不能将功能价值的全部作为补偿标准，另一方面，区域提供者的保护和建设，促进了生态服务功能的保存和提升，这是生产区的贡献。因此，生态效益生产者的保护建设成本和失地的机会成本，应当成为市场交易的最低补偿标准。如果受益者提出更高的生态服务功能及其质量要求，应当支付额外的补偿。例如，流域下游对流域上游提出水量和水质要求，可以以当前的水量和水质为基线，上游提高水量和改善水质，投入的生态建设成本和失地的机会成本，应当成为下游对上游生态补偿的最低标准。

目前，在流域水权方面生态补偿的市场交易的成功案例很多。例如，浙江金华江流域东阳—义乌的水权交易、美国纽约市与上游的清洁供水交易、法国 Perrier 瓶装水公司水源地补偿交易、哥斯达黎加 Energia Global 水电公司水源区生态补偿交易等。在生态旅游方面，也有很多成功的案例，例如，美国国家公园的特许经营、四川九寨沟国家级自然保护区、湖南张家界国家森林公园、云南普达措国家公园、云南玉龙雪山省级自然保护区等，但是存在标准不科学、协商机制不健全等问题。

生态补偿市场交易的方式有多种，包括水权的一对一交易，生态旅游对旅游者的委托收费交易等，目前的主要问题是，在市场交易的过程中，仍然需要政府制定相关的规则，一方面，允许开展生态补偿的市场交易，另一方面，制定相关的补偿标准，便于各方协商，还要明确各方的责任，特别是生态补偿费的用途。因此，基于市场交易的生态补偿，仍然需要政府的支持和规范。

三、社会补偿

社会补偿是以非政府组织、企业和个人捐赠为基础的生态补偿，它可以弥补政府效率损失和市场失灵。西方国家在捐赠方面的起步较早，法规较为健全，企业、个人捐赠用于慈善事业和生态保护的积极性较高。最为典型的是美国大自然保护协会(The Nature Conservancy，TNC)，它通过接受企业和私人捐款，在美国和世界各地收购和管理自然保护区。近年来，各种国际非政府组织、非盈利机构进入中国，中国本土的各种民间组织也不断发展壮大，特别是各种生态和环保组织在生态保护方面发挥的作用和社会影响越来越大，开展了各种科研、培训、扶贫、咨询、生态标志等项目，由于生态补偿需要资金的连续性等原因，社会捐赠对于直接补偿给当地农民和当地政府的案例还较少。

无论哪种补偿类型，政府都应当成为生态补偿的主体，肩负起制度设计、法规制定、资金筹措、组织实施的职责；市场作为生态补偿的辅助，应促进生态服务的交易，提高生态补偿的效益；社会补偿作为政府补偿和市场补偿的必要补充，应分担政府和市场失灵的风险。

第六节　生态补偿的主要机制

王金南(2006)认为，生态补偿机制包括财政转移支付、税费、主体功能区、成本内部化和流域生态补偿五大机制。谭秋成(2009)提出，生态补偿机制涉及四个方面，即利益相关者界定、政府补偿、市场补偿和社区补偿，并进一步认为，中央政府在部分生态补偿项目中是全局利益和子孙后代利益的代表者，市场手段包括税收、一对一的市场交易、配额交易、生态标志和协商谈判机制等5种，社区内部共有产权的共有资源，可以通过资源使用权进行交易。欧阳志云等(2013)认为，当前我国生态补偿存在缺乏系统的制度设计、政府单方决策主导、利益相关者参与不够、补偿范围界定不科学、补偿对象和补偿方式不完善、补偿标准低、补偿标准确定方法不科学以及缺乏监督机制等问题，提出以生态服务功能为科学基础、生态保护者受益、受益者补偿、政府主导全社会参与、权利与责任对等5条原则，以及加强生态保护立法、建立生态功能保护区、建立多种形式的补偿途径和颁布管理办法4条建议，建立和完善生态补偿机制的措施。

从大多数文献看，很多将生态补偿的方式、税费、基金等作为补偿机制，有些将政府、市场和社会作为补偿机制，这些仅仅是生态补偿机制的一个部分。20世纪末还没有生态补偿或补偿不足，如今，涌现出了大量有关生态补偿机制的研究文献，也开展了大量的实践探索，生态补偿机制不健全是影响生态补偿和生态保护的主要因素成为很多学者的普遍共识。但是，也可以看到这些实践和研究存在两个方面的问题：一方面，学术界对生态补偿机制包含哪些基本内容，如何才是健全的生态补偿机制，目前尚没有一致的意见；另一方面，很多学者将生态补偿类型当作生态补偿机制来看待。因此，基于实践的探索和借鉴国际经验，回答好这些问题，对于建立健全和完善生态补偿机制事关重大。

什么是机制？按照管理学原理，应包括两个层次：一是相关方的权、责、利关系；二是促进各行为者可持续发展的激励和约束制度。目前的生态补偿机制政策，一般只有激励和约束制度，但却没有权、责、利的制度设计，这就很难保证政策的可持续性(孔志峰，2007)。任何一项机制的建立和健全，都需要界定利益相关方的权责利和激励约束制度。生态补偿机制也不例外，生态补偿机制的建立和健全，既受到自然生态规律的影响，又受到社会管理和经济制度的影响。因此，可以将生态补偿机制归纳为：法规制度、财税制度、绩效评价机制、市场交易机制、协商机制、特许经营机制和野生动物肇事补偿七大机制。尽管法规制度应当对生态补偿的各个方面进行规定，但是因为生态补偿在世界各国都处于不断研究、探索和完善的过程中，而且法规相对原则，未知和创新的问题以及具体的方式方法需要政策来进行补充，因此需要其他方面的机制进行保障。

从权责利和激励约束角度看，生态补偿机制包括以下七点。①法规制度。我国目前没有生态补偿的专门法规，《退耕还林条例》仅仅针对耕地转森林，对耕地上植树造林的贡献者给予一定资金和粮食补偿，湿地、草地等其他生态系统类型未包含在内；《森林法实施条例》关于生态效益补偿的规定仅仅针对森林，并仅仅提到"防护林和特种用途林的经营者，有获得森林生态效益补偿的权利"；《矿产资源法》仅仅涉及生态破坏的补偿，《水法》仅仅涉及水资源费，未涵盖生态系统其他七大服务功能，对于生态补偿的市场交易和特许经营等，还没有法规保障。因此，现有的法规很不全面，无法满足生态补偿的相关行为。因此，以现有的研究成果和实践探索为基础，借鉴国际经验，制定涵盖不同补偿类型、明确资金来源与分配方法、补偿标准核算方法等的法规十分必要。②财税制度。很多国家已经征收生态相关税费，为建立稳定和长效生态补偿机制奠定了基础。我国现行的《资源税条例》未明确税收是否可以用于生态补偿，《排污费征收条例》仅仅涵盖污染者付费，生态产品的提供者并未得到补偿，生态公益林补偿和重点功能区转移支付两个中央财政生态补偿项目不但补偿标准低，而且未明确资金来源。因此，建立明确的生态税费机制和政府财政转移支付机制，是完善生态补偿法规制度的重要补充。③生态效益监测评价机制。生态服务功能是否得到保持和提升，是所有提供资金者关注的问题，充分利用和完善现有的水文、环境和生态监测网络，以生态服务功能及其价值动态评估为基础，以调控生态补偿标准、额度以及项目内容。④市场交易机制。生态系统的部分功能，作为准公共产品，例如水资源，可以实现流域内不同利益者相互交易。目前国际国内开展得最多和最成功的市场交易就是水权交易。⑤协商机制。资金并不是解决所有问题的唯一途径，即使通过市场交易或税费征收，也需要社会利益相关群体的协商，因此建立生态补偿协商平台和机制是生态补偿博弈过程中的重要手段。⑥特许经营机制。生态系统服务功能中的某些方面，需要在生态功能区内直接使用才能实现其价值，例如生态游憩功能，但是这些功能的产权由于其公共产品特性，不能交易，可以采取特许经营的方法实现其价值。目前仅有《市政公用事业特许经营办法》，还没有生态服务特许经营的专门法规，但各地早已开始生态景观及其附属服务设施的特许经营实践，美国等西方国家早有国家公园特许经营法。因此，特许经营可以成为生态补偿的一种重要机制。⑦野生动物肇事补偿机制。自然保护区等生态效应外溢区，由于种群数量增长而造成野生动物伤害人类生产生活设施乃至生命安全的事件不断增多，建立野生动物肇事补偿和赔偿机制，对于协调人与自然，调动人类保护生态的积极性意义重大（郭辉军和施本植，2013a）。

第四章　生态补偿机制的国内外实践及其经验

第一节　国外生态补偿机制构建的经验及启示

一、理论研究

生态补偿的基础理论大都源于西方国家，主要是环境资源价值理论、公共产品理论、外部性理论、产权理论、生态资本理论和可持续发展理论。特别是基于外部性理论，进一步提出了两种实施生态补偿的原则性措施：庇古税和科斯定理。庇古税强调政府干预，通过征收生态税的方式，来解决破坏者付费的问题。科斯定理强调市场机制，在明确产权的基础上自愿协商、交易。

生态补偿在国际上使用得较普遍的概念是生态服务付费(payment for ecological service)或环境服务付费(payment for environmental service)。对于生态服务付费概念的界定，Pagiola 和 Cain(2004)将其定义为"将某一类指定的生态服务或明确的资源利用的正外部性进行内部化的一种方法"。随着理论和案例研究的深入，生态服务付费的概念一直在不断地完善中。Wunder (2005)提出的生态服务付费概念相对来说用得更广泛一些。他将生态服务付费定义为：在生态服务的提供者保证持续地提供生态服务的条件下，一个(至少一个)"买家"从一个(至少一个)"卖家"处自愿购买某一类可界定的生态服务(或者是能保证生态服务的土地利用方式)的交易方式。由此可见，生态补偿逐渐由惩治负外部性(环境破坏)行为向激励正外部性(生态保护)行为转变(秦红艳和康慕谊，2007)。

生态保护是一种具有正外部性的社会经济活动，实施过程中会引发两种矛盾：一是较低的边际社会成本与较高的边际私人成本之间的矛盾，二是较高的边际社会收益与较低的边际私人收益之间的矛盾。在这两种矛盾的作用下，生态保护往往以牺牲部分人的当前利益来获取社会大范围的长远收益(Wells，1992)。因此，如果不提供补偿，就难以调动人们参与的积极性。以此为基础，经济合作与发展组织(Organization for Economic Co-operation and Development，OECD)提出了两个原则，一是"谁保护谁受益"原则(provider gets principle, PGP)，也就是保护生态者得到补偿；二是"谁受益谁补偿"原则(beneficiary pays principle，BPP)，即享受生态服务的受益者付费。长期以来，生态服务被视为"免费的午餐"，随着生态环境恶化对人类安全的危害，生态服务付费的意识逐渐提高。很多国家中，PGP 在一些地区得到实施，而 BPP 却很少被采用(Hanley et al.，1995)，真正实现 BPP 原则成为当前生态补偿机制的重要难题。

生态补偿标准是国际学术界关注的重点问题之一，也是生态补偿从理论转变为实践的关键。Stefanie 等(2008)认为，生态补偿标准应介于损失的机会成本和提供的生态服务价值之间(Stefanie et al., 2008；Margules and Pressey, 2000)。国内专家通过研究，也得出了相同的结论，并得到大多数专家的认可(秦红艳和康慕谊，2007；赵翠薇，2010)，笔者通过对云南省 56 个自然保护区生态补偿标准的核算研究也得出了同样的结论。因此，机会成本和生态服务功能价值的研究和核算成为确定生态补偿标准的核心技术问题。

Castro(2001)认为，机会成本法是被普遍认可、可行性较高的确定补偿标准的方法。Macmillan 等(1998)在苏格兰的研究结果表明，新造林生态补偿标准与新造林地的生态服务功能无关，与机会成本直接相关。尽管都赞成以土地为基础，但各国确定机会成本的标的物是不同的，这取决于当地的气候等自然条件适合的土地生产方式。例如，Pagiola 等(2007)在尼加拉瓜为改善农业生态环境而实施的牧区造林项目，Wünscher 等(2008)对哥斯达黎加的研究，以毁林后可能用于牧草地作为农户的机会成本，二者都是以畜牧业生产作为机会成本。Hamda(1999)运用线性规划和灵敏度分析确定农民退耕的机会成本，通过机会成本比较，给出了可能的补助水平。

除了机会成本和生态服务价值两种方法之外，条件价值法(contigent valuation method, CVM)被认为是评价公共物品和生态服务价值最有前途的方法之一(Arrow et al., 1993)。条件价值法由 Davis 于 1963 年首次提出并应用，它是在假想市场中由受访者表达支付意愿(willingness to pay, WTP)或受偿意愿(willingness to accept, WTA)的货币量，从而得到公共物品使用价值的一种研究方法，在发达国家广泛应用。Plantinga(2001)研究了不同补助条件下农民意愿退耕的供给曲线，并利用供给曲线预测未来可能的退耕量和补助标准。补偿者的支付意愿和支付能力与受偿者的需求，在生态补偿中具有决定性的作用，补偿标准的最终确定，是补偿者的支付意愿和受偿者的需求之间相互博弈的结果(俞海和任勇，2007)。

生态服务至今没有标准的定义，但是可以广义地理解为建立在生态系统功能基础上，人类能够从中获益的功能。2005 年联合国的《新千年生态系统评估》中定义并评估了 24 类生态系统服务功能，从大的类别来说分别是食物产品(包括谷物、家畜、水产和野生食物的形式)，纤维物质(包括木材、棉、麻和丝的形式)，遗传资源(包括生物化学物质，天然药物和医药品)，淡水，空气质量调节，气候调节，水资源调节，侵蚀控制，水质净化和污水处理，疾病控制，虫害控制，授粉，自然灾害控制，文化服务(包括精神，宗教和美学价值，休憩和生态旅游)。《自然》杂志在 1997 年刊登的一篇有着巨大影响力的文章估算出全球生态系统服务价值约为 33 万亿美元，相当于当年全球生产总值的 2 倍。生态服务价值的研究为生态补偿标准的确定奠定了基石。

生态服务功能价值常常因为价值过高，超过国家财政和支付者的承受能力，而被多数专家仅当作参考标准。笔者认为，这是两个误区导致的，一是生态服务功能价值评估结果包含了自然的贡献和人类的贡献两个部分，生态补偿标准应当是人类增值部分；二是生态服务功能价值是生态系统多年积累形成，年平均价值并不高。

生态足迹的研究不但为衡量资源消费和生产方式对生态系统的影响提供了定量分析的标准，也为生态补偿的资金来源提供了重要的理论基础。生态足迹最早由加拿大学者Rees 提出。不同产业、不同生产方式消耗的资源不同，所需要的生产性土地面积不同，占用的生态空间大小也不同，从而对生态系统的破坏和影响也不同，形成生产活动的生态足迹。不同地区、不同地带土地生产力大小不同，生态承载能力不同，所能承受的产业压力不同。生态足迹与生态承载力之差即为生态赤字。因此，可以用生态足迹衡量不同产业、不同企业、不同家庭乃至不同个人消费资源而消耗的生态空间，通过收取税费的方式来承担生态空间的消耗，并减少生态赤字。目前实施的二氧化碳排放权的交易就是基于这一理论基础。

综上所述，生态补偿理论研究在近 20 年取得了很多成果，为生态补偿机制的建立奠定了坚实的理论基础，而且相关技术达到了具体实施和推广应用的阶段。但是，仍然局限在市场经济理论之外，笔者认为，生态补偿是可以通过市场的供给和需求理论来指导的，即将生态服务功能当作生态产品来生产供给，把人类的生态安全当作生态产品的需求来看待，这样，受偿者就可以通过生产生态产品获得收入，补偿者可以通过支付相应的费用，购买更高质量的生态服务，生态产品供求理论将是生态补偿机制的重大理论突破。

二、法规政策

生态补偿作为一种能激励可持续的生态服务供给，解决贫困农村生计问题和为自然保护区等保护地管理提供可持续的资金来源的政策手段，逐步得到了国际上的认可。1992年 6 月发布的《里约环境与发展宣言》（又称为《地球宪章》）第十六条原则提出，"考虑到污染者原则上应承担污染的费用，国家当局应当努力倡导环境费用内在化和使用经济手段，并适当考虑公共利益而不扭曲国际贸易和投资"。这份由联合国环境与发展会议发表的简短文件第一次提出了全球可持续发展中生态补偿的要求。

随着环境问题的日趋严峻和人们对环境与自然资源经济学研究的深入，生态服务付费的理念，无论是"谁破坏谁补偿"，还是"谁受益谁付费"的原则都越来越多地在全球层面的环境会议上得到明确和强调。2000 年《生物多样性公约》第五次缔约方大会通过的 V/6 项决定"生态系统方式"的第 4 项原则中提出，"在认识到管理的潜在好处的同时，通常必须从经济上理解和管理生态系统"；2005 年联合国的《新千年生态系统评估》提出了"对每一个适当的生态系统服务单元收取税收"的概念；2007~2009 年，由联合国环境规划署（United Nations Environment Programme, UNEP）主持完成的《生态系统与生物多样性经济学》研究报告识别并展示了森林、淡水等生态系统和景观、物种和生物多样性的巨大经济价值及其被破坏所造成的社会经济代价，并提出了引进相关机制，通过生态系统服务付费、环保税收减免、财政转移支付等激励措施和价格信号，将生态系统的价值纳入决策中的意见。2010 年 10 月，《生物多样性公约》第十次缔约方大会上通过的《2011—2020 年生物多样性战略计划》明确提出了"到 2020 年，消除、淘汰或调整损害生物多样性的激励措施，包括补贴，以尽量减少或避免不当影响"的目标。

对于环境污染的生态补偿，大多数国家都已立法，主要措施是一方面禁止污染过度排放，另一方面采取污染者付费的方式进行生态补偿。而对于享受生态服务的付费、征税制度，虽然还没有国家为此专门立法，但在一些国家，特别是发展中国家，在环境立法或者与生物多样性有关的立法中，生态补偿的内容在逐步增加。

越南于 2008 年 11 月 13 日颁布了《生物多样性法》，其中第一款提出"使用与生物多样性有关的环境服务的机构或者个人应当对服务的提供者支付费用"。由于"与生物多样性有关的环境服务"须由政府来界定，从 2008 年起，通过总理令的方式，越南启动了为期 2 年的试点项目，并进一步制定了国家层面的森林生态补偿政策框架，明晰了受益者和付费者的责任和收益，逐步建立了可持续的保护环境和生态系统的经济基础，提高生态服务的质量。特别是在政策中明确了与水电、清洁水供给和生态旅游商业活动相关的生态补偿规定。

"商品和服务流通所得收入"是巴西的州级税收，其中 75%是依据各地经济活动的财政附加值实行分配的，致使经济发展较快、人口密度较大的地区比拥有大面积保护区的地区获得更多的资金。这种不公平的分配机制对各地保护生态的积极性产生了消极影响。为此，巴拉那州议会通过了一项法律，要求从"商品和服务流通所得收入"中拿出 5%的资金作为生态税，根据环境标准进行再分配。其中，2.5%分配给有保护区的地区，2.5%分配给拥有水源流域的地区，以鼓励保护林地的活动（张季，2008）。

印度最高法院在 2006 年提出了如果土地所有者将森林转为其他用途，要对损失的生态服务进行补偿的要求，并根据经济增长研究所提交的报告和印度环境信托作出的预测，根据木材、薪柴、非木材林产品、生态旅游、生物勘探、洪涝和土壤侵蚀防护、碳汇、生物多样性与保护珍稀物种的相关预测价值确定生态补偿的金额。生态补偿费用收取后，资金纳入公共基金，用于提高印度的森林覆盖率。据统计，每年有 100 亿卢比（约合 9.94 亿元人民币）用于造林、生物多样性保护和改善农村生计。

三、实践案例

随着世界经济的发展，自然环境也付出了极大的代价。快速的工业化和城市化进程伴随着对自然资源的掠夺式开采，以及随之而来的大量污染物的随意排放。环境迅速退化的一个主要原因就是在整个市场体系中，自然生态系统所提供的服务价值并没有明码标价。虽然对于利用经济手段进行生态补偿，以促进自然资源的可持续管理还没有成熟的理论和法律体系，但是部分国家和地区对生态补偿进行了有益的尝试，并积累了实践经验。国际上生态补偿的实践主要集中在四个领域：流域管理、碳汇交易、生物多样性保护和景观改善。

案例一：世界银行 PES 项目。由世界银行发起的拉丁美洲环境服务付费项目（payments for environmental services, PES）最具有代表性。该项目在哥斯达黎加、哥伦比亚、厄瓜多尔、墨西哥等拉丁美洲国家实施。项目主要通过增加流域内森林覆盖率改善水质和水文条件，补偿费主要向用水者征收，其他生态服务功能未考虑在内（Pagiola and Cain，2004）。日本和美国也在部分流域实施了类似项目。

案例二：哥斯达黎加水资源流域补偿。能源全球（energia global，EG）是一家为 4 万人提供电力的哥斯达黎加私营水电公司，其水源区是面积为 5800 公顷的两个支流域。水源不足问题严重影响公司的运营，使公司无法正常生产，为使河流年径流量均匀增加，同时减少水库泥沙沉积，该公司按每公顷土地 30 美元，以现金的形式支付给上游的私有土地主，要求这些私有土地主将他们的土地用于造林、从事可持续林业生产或保护林地，相反，那些刚刚砍伐过林地或计划用人工林取代天然林的土地主将没有资格获得该项补助（张季，2008)。

案例三：越南森林生态补偿项目。基于国家层面的森林生态补偿政策，越南在林同、山萝、平顺、宁顺等省的水电项目，同奈、山萝等省和胡志明市的自来水项目，以及林同、山萝等省的生态旅游项目开展了生态补偿试点。根据森林生态补偿政策的规定，每一度商业用电要支付 20 越南盾(约合 0.006 元人民币)，每一立方米商业用水要支付 40 越南盾(约合 0.012 元人民币)作为生态补偿的费用。每一个从事旅游商业活动的机构或个人要支付 0.5%～2.0%的旅游收入作为生态补偿的费用。此外，在获得省级的人民委员会批准后，林同和山萝省的森林保护管理和森林特殊用途管理部门还可以收取旅游费用。坐落在林同省的待宁水电公司是由政府所属的越南电力局经营的，拥有 300 兆瓦的发电机，每年使用 7.5 亿立方米的水资源，发电量是 12 亿度。待宁电厂从 2009 年 1 月开始支付生态补偿费，每年支付的生态补偿费为 240 亿越南盾(约合 711 万元人民币)。生态补偿费被支付给了林同省的"森林保护和发展基金"，这个基金又将生态补偿费支付给森林所有者和生态服务的提供者，用于土壤和流域内森林的保护。"森林保护和发展基金"还负责收取林同省境内的其他水力发电项目、自来水项目和生态旅游项目的生态补偿费。基金每年直接支付 20 万越南盾/公顷(约合 60 元人民币)给林权所有者。此外，政府也从财政预算中安排专项资金，对签订森林管护协议的林权所有人、在森林保护区域内居住的贫困社区、在山区居住的少数民族社区进行补偿。受偿农户每年每户平均得到的生态补偿金额共约为 240 元/公顷。

案例四：WCS 鸟类保护项目。除了政府层面的与宏观政策制定相关的生态补偿，一些国家和一些地区也开展了比较微观的生态补偿试验。在世界野生生物保护协会(WCS)的支持下，柬埔寨北部平原地区的林管局开展了与生物多样性、农耕活动和社区可持续旅游的生态补偿项目。村民与 WCS 签订协议，停止猎捕全球性濒危的鸟类，并且参与保护这些鸟类的巢。每保护一个鸟巢，村民就可以得到 120 美元的补偿；农户与暹粒和金边的 15 家酒店和饭店签订协议，农户不扩大农地的范围，也不转变森林用途，酒店和饭店以高出市场平均价收购农户的"环境友好型农作物"。平均每个农户从这一项目获得的收益约为 160 美元。村民与旅行社签订协议，村民签署"不猎捕鸟类"的保证书，并按政府制定的土地利用规划开展相关的活动，旅行社在村民中招募"鸟导"，并按每看到一种不同种类的鸟，每个游客提取 30 美元的费用的标准，将生态补偿资金交入一个保护基金。这些项目在一定时期内都取得了极大的成功，但是，由于生态补偿的机制是建立在"项目协议"的基础上，补偿机制的可持续性存在着一定的问题。

案例五：全球碳贸易生态补偿。由于在本国内实现温室气体减排的成本太高，部分发达国家提出向发展中国家购买碳当量以实现减排目标，为减少温室气体排放，联合国气候变化框架公约参加国于 1997 年 12 月第三次会议制定了《京都议定书》，全球碳贸易成为全球新的热点。欧盟的排放交易方案于 2005 年开始实施，欧洲的碳贸易市场的建立将全球碳贸易推进到了快速发展时期。欧盟成员国每年向其境内的冶金、化工和能源生产企业发放 20 亿吨碳排放配额，欧盟 27 个成员国和 3 个与欧盟有密切联系的欧洲国家的约 1 万多家企业通过这一体系可以免费获得大部分排放配额。如果企业排放低于配额，可以将富余部分在碳排放交易体系中出售，企业排放量超标，则必须在交易体系中购买配额。2012

年，欧盟还将碳排放交易配额体系的适用范围扩大到航空业，航空公司将要根据其航班所产生的碳排放量纳税，中国、印度、美国和加拿大均对此提出批评和抵制。但是，2008年以来，随着全球金融危机的出现，欧洲经济持续不景气，制造业始终在低谷徘徊，企业生产活动减少，大量配额"积存"在碳排放交易体系中，导致价格大跌。2013 年 4 月，欧洲议会投票反对欧盟碳排放交易配额"限量保价"计划，导致配额交易价格进一步下降，下滑到近每吨 2 欧元。欧盟认为，欧洲经济困境导致碳排放配额交易价格太低，不足以弥补可再生能源领域的投资。目前，欧盟碳排放交易配额体系陷入困境，也对全球碳贸易机制的建立带来不确定性前景。

案例六：美国耕地保护性储备项目。保护性储备项目(conservation reserve programme, CRP)，是美国保护性退耕项目(land retirement programme)的一个重要组成部分，始于 1985年。这个项目源于美国有一部分耕地处在土地侵蚀退化的地区，因此政府希望通过与农民签订合同使之放弃在这类生态敏感的土地上耕作，并且帮助他们植树种草，重新覆盖植被，达到保护生态环境的目的。按照注册登记的土地数量，政府向签订合同的农民给予一定土地支付租金，并分担农民在建设保护地的 50%的成本，但在项目实施过程中引入了市场机制，并遵循农户自愿的原则。如项目的租金率是根据土地的生产潜力，通过引入竞争机制来确定与当地自然经济条件相适应的租金率，也就是补偿标准。在美国，不同州的租金率是不同的。在合同期满后农户可以根据当时农作物的市场行情来确定是否参加下一个阶段的退耕项目。保护性退耕项目从 1985 年到 2002 年，已有 1360 万公顷耕地退出农业生产活动，涉及 37 万农户，美国农业部每年支付约 15 亿美元用于支付土地租金和转换生产方式的成本，平均补偿金额为 116 美元/(公顷·年)。退耕的土地，60%转为草地，16%转为林地，5%转为湿地。

案例七：美国纽约市与上游的清洁供水交易。纽约市 900 万市民的饮用水，有 90%来源于上游的卡茨基尔河(Catskills)和特拉华河(Delaware)流域。20 世纪 80 年代后期开始，微生物污染引起了越来越多的关注。1989 年，美国环保局要求，所有来自地表水的城市供水，都要建立水过滤净化设施，但那些已有水处理环节或自然条件能够提供安全饮用水的企业可以例外。纽约市估算，要建立新的过滤净化设施需要投资 60 亿～80 亿美元，加上每年 3 亿～5 亿美元的运行费用，成本非常高。如果对上游卡茨基尔河和特拉华河流域在 10 年内投入 10 亿～15 亿美元以改善流域内的土地利用和生产方式，水质就可以达到要求。这项费用的主要来源是对水用户征收 9%的附加税，为期 5 年，而要新建一座水过滤厂，其税率可能需要提高 2 倍。纽约市最后决定投资购买上游卡茨基尔河和特拉华流域的生态服务。资金来源分为 3 个部分：政府对水用户征收的附加税、纽约市公债以及信托基金。

案例八：澳大利亚水分蒸发信贷项目。Mullay-Darling 流域位于澳大利亚东部，大规模的森林采伐让盐渍化问题日益严重。为此，下游一个由 600 个灌溉农场主组成的食物与纤维协会与上游新南威尔士州林务局达成协议，将植树造林作为一种成本有效的策略予以资助。该协会根据在流域上游建设 100 公顷森林的蒸腾水量，向州林务局购买盐分信贷，即下游使用水灌溉土地的农场主向林务局支付"蒸腾作用服务费"，按照每 100 万升水交纳 17 澳元(约合 81 元人民币)的价格来支付，或者按照每公顷土地 85 澳元(约合 405.4 元人民币)的价格来补偿,支付 10 年。林务局利用这一经费采取在上游地区种植脱盐植物、栽培树木或多年生深根系植物等措施,有效保护水质,避免盐渍化。

案例九:欧盟生态标签制度。为鼓励在欧洲地区生产及消费"绿色产品",欧盟于 1992 年出台了生态标签体系。欧盟生态标签制度是一个自愿性制度,其初衷是希望把生态保护领域的各优秀生产厂家选出,予以肯定和鼓励,逐渐推动各类消费品的生产厂家进一步提高生态保护,使产品从设计、生产、销售到使用,直至最后处理的整个生命周期内都不会对生态环境带来危害。生态标签同时提示消费者,该产品符合欧盟规定的环保标准,是欧盟认可并鼓励消费者购买的"绿色产品"。如果生产商希望获得欧盟生态标签,必须向各成员国指定的管理机构提出申请,完成规定的测试程序并提交规定的测试数据,证明产品达到了生态标签的授予标准。欧盟通过各种途径积极向消费者推荐获得生态标签的产品和生产厂家,使"贴花产品"可以很快在欧盟市场上获得消费者的注意及知名度。根据 2002 年的调查结果,有 75%的欧盟消费者愿意购买"贴花产品"。产品获得生态标签认证,可以塑造企业良好的社会形象、赢得消费者及社会的信赖、提高产品的附加值。即使"贴花产品"的价格稍高于常规产品,消费者仍倾向于绿色产品。目前,欧盟市场上的"贴花纺织产品"价格高于普通纺织品的 20%～30%,但绝大多数欧盟消费者仍愿意购买。

生态服务付费尽管已有社会共识,但因为税制设计和税率标准的技术困难,仍然是目前国际生态补偿的薄弱环节。巴西巴拉那州的案例启示我们,征收生态税是可能的。哥斯达黎加的水资源流域补偿,为我国各大江河水电站征收生态服务费提供了借鉴。这两种实践分别提供了间接享受生态服务、由政府主导的生态税制设计和直接享受生态服务、市场主导的生态服务费机制设计的可借鉴经验。从国际生态补偿的案例中可以知道,在设计生态补偿的政策或机制时,识别生态服务的提供者和受益者、选择适当的补偿方法、明确补偿资金的来源、补偿方和受偿方达成对补偿标准计算的共识、建立管理和监督机制、完善监测和评估系统是 6 个最基本的要素。

四、国际经验的借鉴意义

国际上关于生态补偿的理论与实践对我国生态补偿研究与实践均具有重要的借鉴意义。

国外生态补偿具有一系列特点。首先,充分利用了市场机制和多渠道的融资体系,初步建立起了生态补偿的政策与制度框架,形成了直接的一对一交易、公共补偿、配额交易市场、慈善补偿等较为完整的生态补偿框架体系;其次,在准确分析公共财政手段和市场交易手段的适用条件、优缺点的前提下,适当地综合运用两者,有力地推动了生态补偿的开展;再次,生态补偿有比较坚实的法律制度保障和相关的配套政策的支撑,并且执法严格,有力地保证了补偿工作的有序、有理、有节地开展;最后,坚持生态补偿方式的透明、开放、自由和灵活原则,积极鼓励民众参与,广泛运用社会资源。

国外生态补偿经验对中国的借鉴意义:从内涵、外延、本质要素以及应用领域来看,国际和国内的生态补偿都具有很大的相似性,这就决定了国际上的相关做法对中国有重要的借鉴意义，在开展生态补偿的过程中，在充分考虑国情的情况下，可以适当借鉴国外的一些成功的经验和做法。但由于社会经济条件，特别是市场经济发育程度的不同，中国不能对国际上的某些做法进行简单的复制。

国际上实现生态补偿的四种主要模式：公共购买、自组织的私人交易、开放贸易、生态标志等，其适用条件和特点明确清晰，中国可以进行移植、改革和应用，做到不盲从、不照搬，科学地消化、吸收和再创新。公共财政手段和市场交易手段各自有其适用的条件，也各有其利弊。国际经验表明，公共购买模式适用于生态功能服务面大、受益人数多或难以准确界定即属于典型公共物品的情况。但该模式有两大风险：一是由于信息不对称，政府购买可能支付了高于实际所需的费用；二是官僚体制本身的低效率、腐败的可能性以及政府预算优先领域的冲击，都可能影响到政府购买模式的实际效果。市场手段适用于受益主体少且易于被界定、交易成本较低、生态服务功能较容易被量化和标准化等情况，其最大的优点是补偿的效率高。但市场交易模式适用的条件要求严格，并且要有良好的市场环境和管理制度支撑。因此，中国选择生态补偿模式时应从不同的情况出发，没有必要确定一个谁主谁次的组合，公共购买和市场交易机制是相辅相成的。在现阶段我国市场机制发育还不够成熟的情况下，政府的作用和模式应该首先到位，并积极培育相关市场，引入市场模式。

公共购买模式应该是开放、透明和灵活的。公共购买的一个重要特征是主要资金来源于政府或其他公共部门，但其运行机制应该是开放和灵活的，而不是公共部门独家封闭运作。美国在耕地保护性储备计划等案例的实施过程中有四个方面的经验值得学习借鉴：①除了公共资金外，可以广泛吸收社会资金；②补偿标准的确定应该以市场机制为基础，并随着市场情况的变化而不断调整；③被补偿人的广泛和深入的参与，对确定合理补偿标准和确保补偿计划顺利实施有重要意义；④非政府组织或中介机构参与到具体补偿计划的实施，有利于克服官僚体制运作的某些弊端，如低效率和腐败等问题。

生态补偿政策的实施要有法律保障和相关配套政策的支持。不管是采取公共支付方式，还是基于市场的生态环境购买，生态补偿目标的实现，不是制定单一政策就可以达到的，必须要有法律保障和配套政策的调整。例如，美国、瑞士等国的生态补偿项目都是在相关法律框架的指引下实施的；纽约市的清洁水供应交易案例涉及有关税费的调整；在欧盟生态标志产品案例中，相关产品标准和环境标准的调整是重要的基础，这些都是生态补偿成功开展非常重要的政策支撑。

建立科学的生态补偿机制的关键在于理顺各责任主体的关系。生态补偿机制设计的总体思路主要包括：一是确定生态补偿的各利益相关方即责任主体，按照环境功能区划的要求，确定补偿或赔偿的额度；二是按生态保护投入和发展机会的损失来测算生态补偿标准；三是选择适宜的生态补偿方式；四是制定不同生态补偿政策。

第二节　国内一些省区建立生态补偿机制的实践及经验

我国生态补偿实践是与我国社会经济发展的历史阶段分不开的。改革开放以来，由于一味地追求经济增长,我国生态环境不断恶化,我国已成为世界上生态破坏和环境污染最严重的少数几个国家之一。改革开放初期,中国经济发展水平低,人民日益增长的物质文化需求同落后的社会生产力之间的矛盾是当时的主要矛盾,根本任务是发展生产力。同时,改革开放初期,我国生态环境问题既不普遍也不严重,资源环境对社会经济发展的约束还没有呈现。这一时期,生态环境的价值基本被忽略,国民经济发展完全以经济建设为中心(郭日生,2009)。当时,我国经济效率不高,社会相对公平,随着经济快速发展,我国生产效率大大提高,社会经济差距逐渐明显,生态环境和自然资源利用的不公平问题成为社会广泛关注的问题。生态补偿主要是解决"保护者受损,破坏者受益"的社会不公平问题,因而,不仅是生态问题、经济问题,还是社会问题,如果不能认识到这一核心,将无法解决生态补偿。生态补偿需要资金支持,只有政府的财政收入和居民收入达到一定水平,才能支撑生态补偿机制长效化。因此,生态补偿机制的建立要与经济发展的阶段相适应,要与各地区的生态足迹相对应。

改革开放以来,基层在各个方面和各个领域开展了各种创新和改革探索,各个方面专家也在不断进行自主创新和引进吸收,发表了很多论文,生态补偿也不例外,有些成为地方政策法规,有些则处于论文和试点阶段。总的来看,生态补偿经历了 20 世纪 80 年代、90 年代和 21 世纪前 10 年近 30 年的理论和实践探索,已成为社会的广泛共识。2010 年,中共中央国务院颁发的《关于深入实施西部大开发战略的若干意见》(中发〔2010〕11 号),首次正式将生态补偿列为中央决策。2012 年,中共十八大报告不但提出了经济建设、政治建设、文化建设、社会建设和生态文明建设"五位一体"的总布局,而且提出了"深化资源产品价格和税费改革,建立反映市场供求和资源稀缺程度,体现生态价值和代际补偿的资源有偿使用制度和生态补偿制度"。

一、矿产与旅游领域的生态补偿实践

(1)矿产资源开发领域。1983 年,云南省以昆阳磷矿为试点,对每吨矿石收取 0.3 元的资源费,用于采矿区植被恢复及当地生态破坏恢复治理费(庄国泰等,1995;郭日生,2009)。1989 年,江苏省制定并实施《江苏省集体矿山企业和个体采矿业收费试行办法》,规定开征矿产资源费和环境整治基金。1990 年,福建省决定对国营、集体和个体煤矿征收"生态环境保护费"。1992 年,广西开始对乡镇集体矿山和个体采矿企业实行排污费征收制度。1993 年,国务院批准在晋陕蒙接壤地区的能源基地试行生态环境补偿政策(孙新章等,2006;郭日生,2009),1993 年和 1994 年分别开征了能源税和能源补偿费等。1991 年实施的《中华人民共和国矿产资源法实施细则》要求,不能履行水土保持、土地复垦和环境保护责任的采矿人,应向有关部门交纳履行上述责任所需的费用,即矿山开发的押金制度(郭日生,2009)。

由此可见,尽管 1978 年实行改革开放,20 世纪 80 年代初我国各地就对矿山开发引起的自然生态系统破坏,最早地给予了关注和重视,并从地方试点上升到国家层面。但是,直到现在,各地矿山开发,发展经济与保护自然生态系统的利益权衡尚未形成规则,越是经济落后地区,越是财政收入少的基层政府,越将矿山开发置于生态保护之上的优先,对于哪一类和何等规模的矿山开发与自然生态系统破坏程度,缺乏评估机制和利益权衡的决策机制。

(2)生态旅游领域。始于 20 世纪 70 年代的四川青城山森林生态旅游可看作是我国较早的生态补偿实践之一。四川青城山是我国著名的道教圣地,在 20 世纪 70 年代,由于护林员工资不到位,放松了管理,乱砍滥伐现象十分严重。为扭转这种趋势,成都市决定将青城山门票的30%用于护林,从而使青城山森林状况很快好转(闵庆文等,2004;郭日生,2009)。

四川九寨沟国家级自然保护区是目前我国实施旅游生态补偿较为成功的典型案例之一。1978 年,九寨沟林区被国务院批准为国家级自然保护区,1984 年、1992 年,先后列入国家级风景名胜区、世界自然遗产,总面积 720 余平方千米。保护区内原有九个藏族村寨,6000 多亩耕地,现有 334 户、1189 人。1984 年景区开放以来,吸引了国内外大量游客,景区内村民也自发经营旅游业,1992 年,保护区管理局成立联合经营公司,统一管理,村民以家庭旅馆和餐馆入股的方式交由联合经营公司统一经营管理。1999 年,景区全面实施退耕还林(草)工程和"沟内游、沟外住"的政策,生态景观得到全面保护和进一步改善,旅游设施也得到大幅度提升,游客接待量有 1981 年的 2000 人次,达到 2011 年的 286 万人次,全年门票收入 5.39 亿元。同时,保护区内的居民因退耕还林、禁养牲畜,并在旅游带动下,基本放弃了原来的生产方式,从事旅游服务业。

九寨沟保护区通过三种方式对社区居民进行生态补偿,一是 1992 年成立的九寨沟联合经营公司,管理局与区内居民分别按照 51%、49%的股份以现金入股,按照 23%、77%的比例进行利润分配;二是从景区旅游收入中建立居民生活保障专项资金,以 1998 年游客为基数,到 2004 年,居民人均获得 8000 元,共计 836 万元,2005 年开始,每年每张门票提取 7 元作为居民生活保障金,年人均获得 1.4 万元现金补偿;三是仍然享受 240 元/(亩·年)国家退耕还林(草)粮食补贴。

我国自然保护区保存最为原始的自然生态系统、最为精华的生态景观和奇特的地质地貌景观,为旅游业的发展提供了重要的资源基础,而各地为保护自然景观、协调当地社区,进行了很多成功的实践探索,为自然保护区生态补偿机制的建立和完善提供了宝贵的经验。但是,直到现在,仍然尚未见到一个省建立省级旅游生态补偿机制,很多生态旅游景区的景观资源是当地群众千百年保存下来的,而且有些核心景观目前仍属于集体土地、林地。这些保护者未得到合理补偿,打击他们保护的积极性。另外,自然生态系统保护管理部门管理设施、职工工资收入仍然依靠当地政府的极少投入,维护良好的自然生态系统,为旅游开发部门提供无偿的资源,这是我们不能不认真思考的问题。

二、水资源领域的生态补偿实践探索

(一)浙江金华江流域生态补偿

金华江发源于磐安县,源头有西溪、文溪两条主要支流,西溪在磐安县境内流域面积 147km^2,流经墨林、窈川、史姆后注入横锦水库,然后经义乌江进入金华市境内的金华江。

上游流域为下游提供了清洁水源和良好的水域生态环境,属于金华江流域生态服务的提供区和重要保护地。

金华江流域水权交易在中游的东阳市和义乌市之间进行,是我国的首例水权交易协议。2001 年,金华江上游地区水资源丰富的东阳市与下游水资源紧缺的义乌市达成水资源交易协议,义乌市每年付给东阳市 2 亿元用于购买 $5000 \times 10^4 m^3$ 水量的永久调水权,每立方米价格为 4 元,这是依据测算二者通过节水工程增加每立方米水资源成本的差额确定的。同时,东阳市要保证水质达到国家一类饮用水标准。除此之外,义乌市向供水方支付当年实际供水 0.1 元/m^3 的综合管理费(含水资源费、工程运行维护费、折旧费、大修理费、环保费、税收、利润等所有费用)。这是市场机制建立的上下游水权交易,既体现了受益者付费,也体现了保护者(提供者)收益的原则。

(二)广东省水电收入补偿

广东省向水电部门以每度电增收 0.1 分钱的生态补偿费付给上游农民,鼓励粤北山区农民积极进行森林保护。生态保护减少了水土流失,使下游农民受益;风景区生态水平提升,使旅游部门受益;河流畅通、货运增加,使航运部门受益。这种征收生态服务费的办法有效解决了环境治理的资金来源问题。但只征收水电部门的费用,以解决多方受益的生态问题,不符合“谁受益谁付费”的生态补偿原则。

(三)广州市上下游补偿

广州市以流溪河流域水质保护作为试点,从生态保护成本出发,建立上、下游地区之间的生态补偿机制。下游区域所在地政府每年从地方财政总支出中安排一定数量的资金,用于补偿上游地区在造林、育林、护林、水源涵养、水源管护及产业转型中的费用,目前实施的补偿标准为 450 元/$(hm^2 \cdot a)$。

三、中央财政生态转移支付

2008 年,国家财政部、环保部制定了《主体生态功能区财政转移支付办法》,启动了国家重点生态功能区生态补偿。2008 年以来,中央财政对国家重点生态功能区范围内的 452 个县(市、区)实施资金转移支付,涉及 22 个省份和新疆建设兵团。2008～2012 年支持资金总额达 1100 亿元,其中 2012 年 371 亿元。经过对这些限于生态环境质量的全面检测与评估,2009～2011 年,58 个县域生态环境质量得到改善,占试点总数的 12.8%,380 个县域基本保持稳定,占 84.1%。

四、森林生态补偿

我国森林生态效益补偿经历了一个艰难的探索过程。1989 年 10 月在四川乐山召开第一个有关森林生态效益补偿的研讨会,正式提出森林生态效益补偿的政策思路。1992 年,《国务院批准国家体改委关于一九九二年经济体制改革要点的通知》(国发〔1992〕12 号),

提出"要建立林价制度和森林生态效益补偿制度，实行森林资源有偿使用"。1994 年，广东省在全国率先以立法的形式对全省森林实行生态公益林、商品林分类经营管理。1995 年生态补偿思路写入了《林业经济体制改革总体纲要》。1995～1997 年，财政部和林业部向国务院呈报了《森林生态效益补偿基金征收管理办法》。1998 年 4 月 29 日修订的《森林法》明确规定"国家建立森林生态效益补偿基金，用以提供生态效益的防护林和特种用途林的森林资源、林木的营造、抚育、保护和管理"，从而为开展森林生态效益补偿奠定了法律基础。

2004 年，国家林业局、财政部按照生态区位将林业用地划分为生态公益林和商品林两类林，正式启动国家重点生态公益林补偿工作。根据《国家重点公益林区划界定办法》，大江大河源头和一级干流两岸、国家级自然保护区等 6 个生态区位划为国家重点生态公益林。对划入国家重点生态公益林的林权所有者和管理者，按每亩每年 5 元标准给予补偿。这是我国首次正式以生态补偿的名义开展生态补偿，是一项重大突破，也为后来全国开展集体林权制度改革奠定基础。国家要求，各省区市全面开展国家公益林和地方公益林区划界定，二类林区划是由乡镇到县区，到州市政府，经省政府批准，国务院认可，财政、林业部门具体界定，到 2012 年，全国二类林区划落界基本完成，国家和省级生态公益林补偿全面启动，标志着以公益林、商品林二类林新的林业经营管理体系基本建立。

我国的政府生态补偿包含了以生态保护、建设和恢复为主的自然生态补偿和以农村居民经济损失为主的经济生态补偿两个方面。1978 年启动的"三北防护林工程"、1989 年启动的"长防工程"、1998 年启动的"天然林保护工程"、1999 年启动的"退耕还林工程"等生态工程，均属于自然生态补偿。鉴于长江流域特大洪水的深刻教训，1998 年 9 月，天保工程在四川、云南、甘肃、青海四省启动。天保工程区禁止一切天然林采伐，按每亩每年 1.75 元补助当地林地所有者和经营者，按规划，2000～2010 年实施 10 年天然林保护和补助。但是，存在大部分天保资金主要用于森工企业职工（工资），林权所有者未获得直接补助，补助标准与林地年价值、产值差别巨大，以及划分区位不系统、不该划的划入工程、该开发的不能开发等问题。1999 年 8 月，四川、陕西、甘肃开始启动退耕还林工程，此后全国全面展开，成为继 1998 年启动天保工程又一大生态工程。《退耕条例》规定，在坡度 25° 以上的坡耕地一律退耕还林，根据生态林 8 年，经济林 5 年，每年每亩补助 250 元。在这些生态工程中，退耕还林工程是自然生态补偿与经济生态补偿相结合的典型和重大实践。

我国以政府资金开展的森林生态补偿经历了三个阶段。第一个阶段：20 世纪 80 年代初至 1998 年，以自然生态补偿为主、经济生态补偿试点探索阶段。主要特点是地方探索和部门探索试点，尚未上升到国家层面和法律层面，但为第二阶段奠定了重要基础，为生态补偿营造了良好的社会氛围。第二阶段，1999～2010 年，以退耕还林为标志，进入自然与经济生态补偿相结合阶段。主要特点是国家全面实施中央财政转移支付，通过天保、退耕和森林生态效益补偿以及重要生态功能区补偿，既保护天然生态系统、恢复退化生态系统，又对生态区位重要地区的生态保护者的发展机会成本和地方政府发展成本给予补偿，并制定了《退耕还林条例》，保护陡坡耕地的生态恢复建设成果，带动了地方生态补偿建立。

　　2010 年以来，是我国政府生态补偿机制完善阶段，这一阶段将更为艰难，更为复杂。这一阶段面临诸多问题，一是生态补偿的标准低。补偿标准不仅远远低于生态系统提供的服务价值，而且大大低于农村居民和地方政府损失的机会成本，而且各种政府生态补偿项目标准混乱。二是天然林保护一期结束、退耕还林补助期陆续到期，后续补偿政策(如规模、标准、补助对象)与一期发生了重大改变，大规模、大资金的"十年工程"生态保护和建设的成果如何得到巩固和保存。三是"受益者付费"机制未能建立，多元化投入机制也未能建立，到目前为止，由于各方面利益博弈，并与各行政主管部门之间协商困难，多年探索未能形成部门间一致，既未出现一个行业的"受益者付费"机制，也未出现一个省级"受益者付费"机制建立，更未上升到国家立法层面，生态补偿的资金渠道将受到严重影响。四是一些重要领域生态补偿机制尚未引起关注。例如对生态系统破坏最大的是水电站库区淹没、道路建设和开垦森林、湿地。水电站淹没大面积原生森林和河流生态系统，铁路、公路建设占用原生森林，这些淹没和占用，仅仅上交一次性植被恢复费，而且标准很低，破坏成本和代价极低。特别是大江大河水电站库区，流域内涵养水源，保持水土，水电开发公司长期无偿使用生态服务。开发商破坏生态系统的成本很低，无法减少破坏活动的发生。尽管各地进行了很多有益的探索，提供了经验，也为建立完善生态补偿机制形成了广泛的社会共识，但是目前我国生态补偿机制，既面临前所未有的机遇，也面临前所未有的挑战。

第五章　云南省生态补偿机制的实践与探索

第一节　云南省面临的生态环境问题

云南地处青藏高原与长江中下游平原、中南半岛过渡的云贵高原，太平洋与印度洋地质板块和大气环流结合部，在国家"两屏三带"十大生态安全屏障中，肩负着"西部高原""长江流域""珠江流域"三大生态安全屏障的建设任务，在国家生态安全战略格局和国际生态安全格局中具有重要的地位，是我国重要的生态安全屏障。云南生态功能地位突出，在全国划分的 50 个重要生态功能区中，云南占 10%，森林生态系统服务功能价值达 1.48 万亿元，居全国第二位，是我国主要的生态服务功能生产区和生态效益外溢区。

云南既是珠江、红河(红河)等重要河流的源头，也处于长江、湄公河(澜沧江)、萨尔温江(怒江)、伊洛瓦底江(独龙江)等重要河流的上游。云南多年平均入邻省区水量 $1808.0 \times 10^8 \mathrm{m}^3$。国际河流多年平均出国境水量 $2330.6 \times 10^8 \mathrm{m}^3$。分布于六大江河流域的高原湿地生态系统，发挥着重要的"水塔"作用，对东南亚国家和我国"珠三角""长三角"地区经济社会可持续发展具有重要影响。

云南是东亚植物区系、喜玛拉雅和古热带区系交汇区，生物区系关键。生物种类及特有类群数量均居全国之首，是全球三大生物多样性热点交汇地区，生物多样性在全国乃至全世界均占有重要的地位，是我国乃至世界的物种和遗传基因宝库。云南林业用地面积占全省土地总面积的 64.6%，占比居全国第 2 位；森林面积占林地面积的 77.4%，居全国第 3 位，森林覆盖率超过 50%，全省活立木总蓄积量 $18.75 \times 10^8 \mathrm{m}^3$，居全国第 2 位。天然湿地面积约 $39.4 \times 10^4 \mathrm{hm}^2$，湿地类型多样，湿地植被类型和物种均居全国之首。云南森林、湿地是我国重要的碳库，在应对全球气候变化中发挥着重要作用。

云南拥有良好的生态环境和自然禀赋，承担着维护区域、国家乃至国际生态安全的战略任务，同时又是生态环境比较脆弱敏感的地区，保护生态环境和自然资源的责任重大。

一、水土流失依然严重、石漠化尚未得到有效治理

由于陡坡耕作、过度垦殖等现象在一些地方依然存在，局部地区生态恶化的趋势还没有得到有效遏制，水土流失依然严重，恢复植被、生态治理的任务还十分繁重。据 2009 年遥感调查，全省仅金沙江、澜沧江、怒江三江流域水土流失面积占土地总面积的 31.51%，年土壤侵蚀总量达 $3.79 \times 10^8 \mathrm{t}$。据统计，全省目前 25° 以上陡坡耕地 1197.8 万亩，15° ～ 25° 度坡耕地 3143.8 万亩(其中生态区位重要、水土流失严重坡耕地 1358 万亩)。岩溶地

貌广布于全省 129 个县(市、区)中的 118 个，面积达 $11.09 \times 10^4 km^2$，占土地总面积的 28.14%，118 个有岩溶分布的县(市、区)中，岩溶面积占国土面积 30%以上、且石漠化面积大于 1 万亩或处于重点生态区位的 65 个重点县(市、区)的石漠化土地面积达 4260 万亩。因我省石漠化治理起步较晚，治理投入低等原因，至今尚未取得明显的治理效果。

二、生物多样性保护形势依然严峻

人口增长，对土地、水、森林资源需求和依赖加大，特别是经济社会的快速发展加剧了生境破坏、生境污染和生境破碎化，物种资源下降的趋势仍没有得到有效遏制。132 种国家重点保护野生植物中，有 82 种处于极度濒危状态，占 62.1%，112 种鸟类中，有 13 种可能绝迹，有 38 种种群数量下降，可能绝迹和种群数量下降的鸟类达 51 种，占 62.2%。外来有害植物挤占本土植物生态空间，导致生态系统结构和功能下降，仅紫茎泽兰面积达 $2470 \times 10^4 hm^2$，外来鱼种引进导致近 1/3 土著鱼种日趋减少或濒临灭绝，外来物种对本地生物多样性的威胁日益增多，已成为不可忽视的问题。部分珍稀濒危物种、特有物种和特有生态系统没有在自然保护区区内得到严格保护，受到的威胁极为严重，处于灭绝边缘。特大干旱对我省生物多样性保护造成重大影响，仅 2010 年，国家重点保护野生植物就有 23 种约 10 万株死亡，野生动物尤其是水禽和两栖类数量减少，行为活动异常，干扰了正常生存繁衍，造成部分种群数量下降，增加了动物灭绝的风险。

三、森林、湿地生态功能退化

云南省是全国重要的林区，但原有森林因经历长期的不合理经营，同时近年又遭受严重的自然灾害，森林质量下降，森林生态系统功能减弱。而新营造的森林，面积虽有较大的增长，但因还处于林分生长初期，林分尚未形成稳定的结构，生态功能尚不完备，加之部分新造林地由于树种选择和配置上的不合理等因素，这部分森林的生态功能还有待进一步提升。现有林分中，中幼林占的比例大，单位蓄积量偏小，全省低效林面积达 7500 万亩。

由于长期以来人们对湿地生态价值认识不足，加上湿地保护法规缺失、保护管理体系不健全等原因，目前，对天然湿地的占用和湿地排水垦殖现象还未得到根本制止，致使天然湿地面积日益萎缩并呈现破碎化；由于自然湿地人工化显著增加，对湿地生态服务功能和生物多样性造成影响；高原湿地受污染状况依然严重且治理难度大；湿地资源过度利用和外来生物入侵严重，过度放牧和无序旅游开发现象仍然存在；湿地面山及汇水区森林植被的保护和恢复任务仍然十分艰巨。这些因素的存在，使得湿地生态系统整体功能呈现退化趋势，同时对湿地生物多样性构成威胁。

四、自然灾害频繁

近年来，气候异常变化给我省林业造成重大损失，灾后恢复重建资金缺口巨大，生态和植被恢复任务艰难而繁重。2008 年初的雨雪冰冻灾害，造成全省受灾面积 2484.36 万亩，损失面积 600.26 万亩(其中,林分受灾面积 1503.32 万亩,林分受灾蓄积 $10517.78 \times 10^4 m^3$,林分损失蓄积 $4177.80m^3$),使全省森林覆盖率下降 0.61%。2009～2010 年,我省出现百年不遇的特大干旱,造成造林地受损面积 2712.02 万亩,有林地受损面积 1278.60 万亩,灌木林受损面积 410.85 万亩,林下资源受损面积 84.17 万亩;按报废面积计算,旱灾直接造成森林覆盖率降低 0.70 个百分点(含灌木林),林木死亡导致活立木蓄积量减少 $1025.72 \times 10^4 m^3$;造成经济损失 232.15 亿元(其中:直接投资损失 29.55 亿元,间接经济损失 202.60 亿元)。

第二节　云南省生态补偿的实践与问题

一、退耕还林工程

1998 年,时任国务院总理朱镕基先后到陕西、云南考察,鉴于长江洪灾造成的特大自然灾害,继在陕西考察时提出退耕还林工程后,在云南丽江考察期间,提出实施天然林保护工程,而且明确提出,实施退耕还林后,以粮食换森林,农民的粮食由政府补助,停止天然林的采伐,造成的损失由中央财政以转移支付的办法给予补贴、返还。朱镕基总理的整个思路体现的是谁保护、补偿谁和政府代表两个生态补偿原则。

云南省退耕还林工程于 2000 年开始在以金沙江流域为主的 8 个州(市)的 9 个县(区)开展试点,2002 年全面启动,截至 2009 年,工程覆盖 16 个州市 129 个县,惠及 130 万户退耕农户、544.6 万人,全面完成了国家下达的退耕还林任务 1637.1 万亩,其中退耕地还林 533.1 万亩、荒山荒地造林 959 万亩、封山育林 145 万亩。退耕还林保存面积 1434.1 万亩,其中退耕地还林 531.5 万亩,荒山造林 902.7 万亩。

10 年来,云南省退耕还林工程建设取得了显著成效。一是自然生态环境明显改善。自工程启动以来,各地在 20° 以上和 15°～25° 陡坡耕地分别退耕还林 332.5 万亩和 132.9 万亩,占退耕地还林任务的 62.4%和 24.9%,有效地减少了全省陡坡耕作面积,工程区水土流失面积大幅度下降。据退耕还林生态效益监测站监测,25 度以上陡坡耕地营造乔木树种的地块,其径流量下降 82%,泥沙含量下降 98%,土壤有机质增加了 0.78 个百分点,全氮、全磷有所减少,水解氮增加了 1.42 个百分点,增加了土壤肥力,改良了土壤,生态效益明显。通过实施退耕还林(草)工程,全省增加了林草面积 1247.74 万亩,覆盖度增加 2.3%,局部遏制了水土流失,有效地控制了泥沙流量,工程区生态环境得到了较大改善,为加快我省经济社会发展、维护国家生态安全作出了重要贡献。二是退耕农户收入明显增加。我省退耕还林工程区大多处于位置偏远、基础设施落后、生产生活条件较差的少数民族贫困地区,退耕还林的补贴资金已成为他们重要的经济收入来源。退耕还林全省完成投资 91.49 亿元,退耕农户户均从退耕还林补助中直接获得收入 7000 元,人均获得收入 1670 元。工程完成后,退耕还林投资将达到 211.89 亿元,退耕农户户均累计可获得收入 1.2 万元,人均累计可获得收入 3000 多元。退耕农户从工程实施中得到了实惠,一定程度上缓解了我省贫困山区退耕农户的贫困问题,加快了脱贫致富步伐。三是增收致富门路明显拓宽。工程实施后，有效推动了农村剩余劳动力向城镇和二、三产业的转移，促进了退耕农户生产经营由原来以种植、养殖为主向多元化格局的转变，拓宽了增收渠道。国家统计局云南调查总队监测调查结果显示，2007 年退耕农户人均纯收入为 2077.58 元，其中退耕补助 306.75 元、种植收入 787.67 元、养殖收入 531.92 元、劳务收入 281 元、其他收入 239 元，分别占年收入的 14%、35.9%、22%、15.2%、12.9%。特别是与普通农户相比，退耕农户人均工资性收入占期内现金收入比重比全省平均水平高 2.3 个百分点，人均外出务工收入达到 149.06 元，占退耕农户现金收入的 6.19%，高于全省农户平均水平 3.7 个百分点。2008 年退耕农户人均工资性收入、外出务工收入及第二产业、第三产业收入分别比上年增长 26.1%、40.3%、156%、39.3%，反映出退耕农户加大了外出务工和从一产业转向二、三产业转移的力度[①]。四是产业结构调整明显加快。工程实施中，各地充分利用退耕还林补助期长、投资高、涉及农户多的特点，引导和带动广大农户大力培植特色经济林，努力扩大种植面积，推动林产业大发展，增强脱贫致富的后劲。2000～2007 年，退耕还林共建设林产业基地 1073 万亩，占退耕还林面积的 81%，其中核桃、茶叶、花椒等特色经济林 295 万亩，竹子、桉树、橡胶等工业原料林 270 万亩，华山松、云南松、西南桦等用材林 469 万亩。五是提高了全民生态保护意识。随着工程的生态效益和经济效益的体现，各地干部群众从工程起步时的担心、不积极、压任务，到现在各级政府和广大群众实施退耕还林的积极性空前高涨，要求进一步加大退耕还林工程实施力度的呼声强烈，加强生态建设和环境保护已成为全社会的共识。

退耕还林不但是影响最为深远的生态工程，也是我国政府生态补偿的成功实践，是生态恢复建设与生态补偿相结合的典型。退耕还林一期工程已经结束，二期工程将以不同的方式进行。云南省退耕还林的实践中出现的问题，将为二期工程和类似工程提供经验，一是退耕农户大多缺乏其他增收渠道。虽然补助期内退耕农户能够得到国家给予的固定生活和生产补助，但是大多数退耕农户仍然没有开辟新的增收渠道，一旦补助到期，可能出现返贫甚至复耕的现象。二是退耕还林(草)管护质量不高。由于管护资金不充足及管护积极性不高，有的农户误认为只要退耕，就能享受补助，没有真正把林地苗木当作自己的事，加上苗木期收入低，管护质量不高。三是成果巩固难度大。退耕还林补助期为 8 年(还林)和 5 年(还草)，核桃、茶叶等特色经济林可以通过投产后的经济收入保存，但仍受市场影响。竹子、桉树等工业原料林采伐后是否仍然会新种植这些树种？华山松等长周期用材林后期的抚育、管护能否继续？这些成果的后续巩固问题，如果没有生态补偿政策的完善，其生态效益能否继续维持？因此，如果对这些问题不引起高度重视，国家花费巨大投资建设的生态工程将毁于一旦。

二、天然林保护工程

1998 年 10 月 1 日，云南省人民政府发布《关于停止金沙江流域和西双版纳州境内天然林采伐的布告》，立即全面停止了区域内的天然林商品性采伐，废除当年尚未执行的商

---

① 国家统计局，2008，云南省退耕还林工程成效显著。

品木材采伐指标，关闭了木材交易市场。云南省天保工程在 17 户重点国有森工企业和西双版纳州试点实施，2000 年工程正式启动，实施范围扩大到整个金沙江流域和怒江州怒江流域 3 个县，共涉及 13 个州(市)的 78 个县。

云南省金沙江流域天然林大面积采伐和破坏源于国家大三线建设时期。1964 年，根据国家大三线建设的部署，林业部组织编制了《金沙江林区开发规划总方案》，1965 年获得原国家计委批准，把整个金沙江林区规划为以攀枝花为中心的三线建设配套大中型项目。1965 年 9 月，国务院批准在楚雄成立林业部金沙江林区会战指挥部，从黑龙江、吉林、辽宁、北京等地成建制调集了大量人员，以会战形式组建了一批木材采伐企业和相关配套企业。1969 年，国务院批准林业部将金沙江林区会战指挥部和所属企事业分别下放给云南、四川两省。由于过度采伐和 1980 年代的集体林权"三定两山"，重点森工企业的施工面积和经营面积锐减，到 1998 年，有的森工企业已经无林无地，失去劳动对象，经营日趋困难，逐步陷入了资源危机与经济危困的"两危"状况，天保工程的实施，既为解决长江流域生态危机，也为森工企业解决生存危机提供了契机。几十年来，在国家投入严重不足的情况下，森工企业为国家提供了近 $3000 \times 10^4 m^3$ 的商品材，调配到全国 22 个省(区)，为国家建设和云南地方经济发展作出了巨大贡献，同时也对云南省的森林资源、生态系统造成了极大破坏，生态环境严重恶化，生态安全形势受到极大威胁。

云南省天然林保护工程区总面积 34930.37 万亩，占全省土地总面积的 60.98%，其中林业用地 24340.18 万亩，占 69.68%；非林业用地 10590.19 万亩，占 30.32%。工程区土地总面积中，集体林面积 27026.83 万亩，占工程区总面积的 77.4%；国有林面积 7903.54 万亩，占 22.6%，其中重点森工企业土地面积 1695.56 万亩，地方森工土地面积 2181.94 万亩，国有林场面积 939.99 万亩，自然保护区和其他国有林业单位 3630.31 万亩。1999 年试点期间，国家下达云南省天然林管护任务 8391 万亩，2000～2008 年，国家每年下达天保工程森林管护任务 17969.3 万亩。1998～2008 年，中央财政实际安排云南省天保工程资金 586204.84 万元。其中，财政专项资金 368519.46 万元，用于天然林的管护补助和公益林建设；基本建设投资 217685.4 万元，用于天保工程区基础设施建设。在严格保护天然林的同时，国家补助在天然林保护工程区开展公益林建设，通过封山育林、森林抚育、人工造林和人工促进天然更新的措施，完成 1768.34 万亩公益林建设，其中人工造林 263.27 万亩。

天然林保护工程的实施取得了明显成效。一是森林资源消耗明显减少。全省天保工程区内，森林资源年均消耗量由 1997 年的 $2890.2 \times 10^4 m^3$，减少到 2008 年的 $1641.34 \times 10^4 m^3$。商品木材由 1997 年的 $403.9 \times 10^4 m^3$，到 2000 年减少为零，10 年累计减少商品木材消耗 $3393.97 \times 10^4 m^3$。二是水土流失减少。我省金沙江流域面积 $10.96 \times 10^4 km^2$，水土流失面积 $4.7 \times 10^4 km^2$，占 42.56%，1998～2008 年，共治理水土流失面积 $12646.37 \times 10^4 km^2$，年均减少水土流失量 $1630 \times 10^4 t$。三是森林面积和蓄积快速增长。10 年间，工程区森林蓄积净增加 $21972 m^3$，林业用地面积净增加 894.08 万亩。四是生态景观得到保护和改善，产业结构得到调整。天保工程区生态旅游业和野生菌产业成为当地农村的支柱产业。四是森工企业职工得到妥善安置，社会稳定的隐患得到基本消除。

天然林保护工程进入二期工程，一期工程中的问题为后续政策提供借鉴，一是森工企业与农民利益之间的矛盾进一步加剧。我省纳入天保工程管护的森林中，69.7%为集体林，其中51%由森工企业代管，1.75元/(亩·年)的管护经费拨到森工企业而非农户，集体林权制度主体改革完成后，农民要求获得林权所有者权益的呼声越来越高，矛盾进一步加剧。二是并未真正实现保护天然林的生态补偿。1.75元/(亩·年)的中央财政补助为管护经费补助，主要用于森林管护，也就是主要用于森工企业职工管护天然林的职工工资，林权所有者，特别是集体林权所有者并未得到补偿。天保工程实施前，普洱、迪庆和丽江财政收入的75%来自林业，1998～2004年，中央财政和省级财政对实施天保工程的地县财政减收给予了转移支付补助，共计35.13亿元，其中中央财政转移支付17.04亿元，省级财政18.09亿元。无论从林权所有者还是地方政府财政收入角度看，天保工程区并未实现最低的机会成本损失生态补偿。三是未能建立生态效益监测机制。由于没有科学的生态监测体系，虽然天然林保护取得了明显成效，目前仍然无法提供不同县区和不同森林类型的生态状况数据，因而无法对各级政府进行补助资金的调控。

三、生态公益林效益补偿

1984年正式颁布，1998年全国人大修订的《中华人民共和国森林法》第八条第六款规定："建立林业基金制度。国家设立森林生态效益补偿基金，用于提供生态效益的防护林和特种用途林的森林资源、林木的营造、抚育、保护和管理。森林生态效益补偿基金必须专款专用，不得作他用。具体办法由国务院规定。"由此可见，尽管森林生态效益补偿法律明确规定的一项制度，但是对生态效益补偿的认识仍然局限于自然生态补偿，与今天的认识有很大的差距。由于社会认识的滞后、国家财政能力的限制以及林权制度改革的滞后，直到2004年，中央财政才开始重点公益林区划界定，启动国家重点公益林补偿。

根据森林资源的分布和主导功能的不同，进行合理分类，实行不同的经营管理模式和政策。在充分发挥多方面功能的前提下，按照主要用途将其划分为公益林林业和商品林林业两大类。公益林林业按照公益事业进行管理，以政府投资为主，吸引社会力量共同建设，商品林林业按照基础产业进行管理，主要由市场配置资源，政府给予必要扶持。因此，在资源配置上，对应地将森林划分为公益林和商品林。

云南省1996年开始森林分类区划试点，2001年第一次完成全省两类林区划，2004年开展了国家重点公益林区划界定，2008年开展了地方公益林区划界定，2010年国家公益林分级区划，2011年进行了县级实施方案修编，2012年开展了全省公益林区划落界，至此，形成了相对稳定的公益林体系。全省林业用地面积37141万亩，其中公益林面积18810.5万亩，占全省林业用地面积的51%，主要分布在滇西北、滇东北的禁止开发区和限制开发区，以及滇中滇南生态保护的重要部位，基本符合云南重要生态区位保护的要求和森林资源分布状况。

我省中央财政森林生态效益补偿经历了四个阶段：一是启动实施补偿。国家级公益林从2004年开始实施补偿，标准为5元/(亩·年)，我省非天保区1600万亩森林纳入补偿，补偿金8200万元。二是扩大补偿面积。2006年国家下达我省非天保区补偿面积2817.3万亩，补偿金13 436万元，至此我省非天保区国家级公益林全部纳入补偿范围。2009年国家再次扩大我省国家级公益林补偿覆盖面，共补偿 4517.5 万亩，补偿金 22588 万元。三是提高补偿标准。从 2010 年起，国家将集体和个人的国家公益林补偿标准提高到 10 元/(亩·年)，补偿面积仍为 4517.5 万亩，补偿金 37325 万元。四是实现补偿全覆盖。2011 年天保工程二期启动，天保区国家级公益林中，国有林 3337.7 万亩纳入天保工程管护，标准为 5 元/(亩·年)，集体林纳入森林生态效益补偿，新增补偿面积 4022 万亩，标准为 10 元/(亩·年)。至此，国家级公益林补偿面积共计 8540 万亩，补偿金 77 549 万元，全省 11 877.7 万亩国家级公益林实现了管护和补偿全覆盖。

在中央森林生态效益补偿基金制度的示范带动下，我省地方财政森林生态效益补偿机制逐步建立。一是补偿试点。2004 年，省财政每年安排省级资金 1000 万元，用于公益林管护工作经费补助并启动了 114.7 万亩省级公益林补偿试点。二是启动实施补偿。省级公益林从 2009 年开始实施补偿，标准为 5 元/(亩·年)，补偿范围是天保区权属为集体、个人的省级公益林和非天保区的省级公益林，共补偿 4730.81 万亩，资金 23654 万元。三是提高补偿标准。省政府决定逐步提高补偿标准，2011 年，权属为集体和个人的省级公益林补偿标准提高到 7.5 元/亩，2012 年提高到 10 元/(亩·年)，实现级了国家级和省级公益林同标准补偿。2012 年，全省国家级和省级公益林实现了同标准全覆盖，补偿面积达 131177 万亩(其中，国家级公益林 8540 万亩，省级公益林 4637 万亩)，补偿标准为：国有林 5 元/(亩·年)，集体和个人 10 元/(亩·年)，补偿资金 12.3 亿元(其中，中央财政 7.5 亿元，省财政 4.8 亿元)[①]。

为健全和完善公益林补偿和管理制度，财政部和国家林业局于 2004 年制定相关管理办法：《国家级公益林区划界定办法》(林资发〔2009〕214 号)和《国家级公益林管理办法》(林资发〔2013〕71 号)，界定国家级公益林的划定、保护管理、经营管理、监测与检查、资源档案和责任追究。先后制定和修订了《中央财政森林生态效益补偿资金管理办法》(财农〔2001〕190 号、财农〔2004〕169 号、财农〔2007〕7 号、财农〔2009〕381 号)对补偿标准、资金拨付与管理、监督与检查等问题进行了多次修订与明确。云南省根据国家政策，结合云南省情、林情、民情，制定和出台了《云南省地方公益林管理办法》和《云南省森林生态效益补偿基金管理实施细则》。

森林生态效益补偿制度的建立，是我国林业发展实现历史性转变的重要标志之一，是林业利益机制的重大创新，这项制度结束了我国长期无偿使用森林生态效益的历史，开始进入有偿使用森林生态效益的新阶段。集体林权制度主体改革完成后，拥有的 2.72 亿亩集体林广大林农，对划入生态公益林的林地给予补偿的要求和呼声更加强烈。森林生态效益补偿对于维护公益林所有者和经营者的合法权益，促进森林资源的有效保护和生态安全的基本保障，对协调民生与生态的矛盾具有重要意义。但是，面临的问题也不可忽视：一是补偿标准低。每年每亩 10 元的补偿标准，与公益林创造的生态服务价值极不相称，而且补偿资金主要用于公益林营造、抚育、保护和管理，未能真正体现公益林权利人因保护公益林而受到的经济利益损失，影响了林农支持公益林保护和建设的积极性，甚至出现一些地方的群众不愿划公益林，给公益林资源的稳定和安全埋下了隐患。二是补偿资金来源

---

① 云南省林业厅，2013，云南省森林生态效益补偿工作总结报告。

单一。目前，公益林补偿资金完全依靠中央和省级财政投入，投入渠道单一，除中央政府和地方政府外，其他补偿主体不明确，生态受益者和生态保护者的利益关系脱节，这与十八大提出的"建立反映市场供求和资源稀缺程度、体现生态价值和代际补偿的资源有偿使用制度和生态补偿制度"还有很大差距，也与国际上公认的"谁受益、谁付费"原则有很大差距。三是公益林经营管护的目的和技术措施不明确。公益林保护的主要目的是提供生态产品，提升生态服务功能，但是目前部分地方政府对此不清楚，开发利用公益林的呼声还很高、很普遍，同时公益林中低效林面积比例较大，除了对森林抚育的争论较少外，提高森林质量、改善生态系统结构和提升生态服务功能的技术尚不成熟。

四、矿产资源和矿区生态环境补偿

云南省 1983 年在全国率先开展了昆阳磷矿的生态补偿实践探索，不但在矿产资源开发生态补偿领域首开先河，而且在我国生态补偿实践探索中具有重要的开创性意义，但是此后云南省并未在矿产资源开发领域继续探索形成和建立生态补偿机制，这不能不说是一大遗憾。

矿产资源的开发和利用在推动我国经济发展的同时，也对生态环境造成了巨大的破坏。矿产资源的开发、利用，不可避免地要占用和破坏大量的土地和产生环境污染，由此造成原有生态景观的严重和破坏，并引发一系列难以避免的环境问题(胡振琪等，2005)。我国没有专门的关于矿区生态补偿机制、矿区生态环境修复的法规，有关矿山资源综合利用和环境治理的要求体现在许多相关法规中，如《矿产资源法》《环境保护法》《土地管理法》等(程琳琳等，2007)。尽管矿产资源税和矿产资源补偿费是矿产资源领域与生态环境最为密切相关的税费，但是仅仅对保护矿产资源发挥作用，没有体现生态环境保护，更没有生态补偿的作用。2000 年国土资源部(现自然资源部)提出矿山环境恢复治理保证金制度，部分省区相继发布并实施了矿山环境保护方面的规定，实行矿山环境恢复保证金制度。我国各地在矿产资源开发的生态补偿方面进行了很多探索，制定了一些地方性政策，但由于缺乏国家法律依据，且各地征收对象、标准和范围不同一等问题，现状混乱、困难重重，并未形成全国性生态补偿机制。

云南省矿产资源有 80 种，其中铅、锌、锡磷等 9 种矿产保有资源储量居全国第 1 位，全年开矿近 $1.8 \times 10^8 t$，成为全国重要的矿产业基地，矿产业是云南重要的支柱产业(李光灿，2006)。在矿产资源的开发利用过程中，不仅中央政府、地方政府、开发企业和当地居民之间利益分配的矛盾突出，而且矿区生态环境的严重破坏带来各种地质灾害和生态安全危机。

1983 年，云南省以昆阳磷矿为试点，对每吨矿石征收 0.3 元的生态补偿费，用于开采区植被及其他生态环境破坏的恢复费用，取得了良好的效果。根据国务院《关于全面整顿和规范矿产资源开发秩序的通知》(国发〔2005〕28 号)规定，2006 年，云南省政府制定了《云南省矿山地质环境治理保证金管理暂行办法》(云政发〔2006〕102 号)。很多学者认为，国家和部分省区制定环境保证金制度，是为生态环境恢复的一种生态补偿制度，但是从这一暂行办法可以看出，矿山环境保证金是地质环境恢复，没有包含地上植被生态恢复的内容，因此，不能作为生态补偿机制，这是必须纠正的误解。

目前云南省涉及的矿产资源税费种类包括：①矿产资源补偿费。按照产品销售收入一定比例计征，中央与云南按四六分成；②探矿权采矿权使用费和价款。探矿权由省级国土部门收取，按省、州、县 50%、10%、40%分成。采矿权由州市县区收取。③矿产资源税。属于地方税，按产量和销售收入计价征收，进入地方财政。从以上税费征收种类可以看出，实际上没有生态补偿费，这些税费主要是针对矿产资源的保护，并没有以保护生态和恢复生态为出发点，使用上也没有用到保护生态和恢复生态功能中去(刘春学和邓明翔，2012)。因此，矿产资源开发中的生态补偿机制尚未建立，各种税费征收的目的和用途没有生态建设和生态补偿的内容，加上开发后的矿区地质、地貌和土壤环境发生了根本性变化，矿区生态恢复也成为云南省生态建设的难点之一。

矿产资源开采造成的生态环境损害涉及大气圈、水圈、生物圈和岩石圈，矿产资源开采导致的废水污染由环保部门征收治理费用，土地占用由国土部门征收耕地占用费，植被破坏由林业部门征收植被恢复费。昆阳磷矿的生态补偿费是矿区植被恢复，林业部门征收的植被恢复费是异地恢复植被，但是失去这些土地的农民都是一次性的补偿，并未得到长期性补偿。由此可见，矿产资源主管部门并未征收生态建设税费，也未建立生态补偿机制，涉及生态环境破坏的费用征收由其他的不同部门收取，也未在矿山实施就地生态建设。同时，我们也要认识到，矿产开发企业并不是生态建设企业，矿产资源主管部门也不是生态建设和保护的职能部门，要求他们在矿山破坏后实施生态建设、生态恢复工程，既不现实也不专业，因此，只能要求矿产开发企业和主管部门在生态敏感区和重要生态功能区禁止矿产资源开发，在征收的税费中部分用于生态建设和生态补偿，由专业部门组织实施生态建设和生态补偿。

五、水资源生态补偿

水是生态系统物质循环和能量流动的重要载体，水源涵养和水质净化是生态系统服务功能的重要结果之一。水资源短缺和水质恶化问题已成为全球性问题，而水源区的保护成为城镇化和工业化进程中首要问题。水资源的生态补偿问题主要涉及水资源费、水源地保护和流域生态补偿三个方面的问题。

1993 年国务院颁布了《取水许可制度实施办法》，根据 2002 年修订的《中华人民共和国水法》第四十八条的规定，在总结各地经验的基础上，进一步进行了修订，于 2006 年发布了《取水许可和水资源费征收管理条例》。该条例规定，除农村集体、家庭、应急和抗旱临时取水外，其他取水工程或者设施直接从江河、湖泊或者地下取用水资源的，都必须申请取水许可，并依法缴纳水资源费。水资源费征收标准由省级政府主管部门制定，省级政府批准，跨流域取水由国务院主管部门制定。水资源费的征收是国家根据水资源供需状况通过经济手段调节水资源的供需关系。因此，涉及水资源的费用为三个方面：水利行政部门征收的水资源费、由环境保护部门征收的水环境污染费和由用水者向供水机构直接支付的水费。

由于水源地的生态服务的受益者和水源保护者都可以非常清晰的界定，补偿和被补偿对象容易确定,受益者对保护者提供的生态服务产品(优良水源)有强烈的需求,难以替代,容易通过谈判形成生态补偿的市场价格,水源地保护的生态补偿,与一般流域的生态补偿更容易实现(任勇等,2008)。因此,国际国内的水源地生态补偿的成功案例很多。大多数情况下,流域范围与行政区范围并不一致,跨行政区域的流域生态补偿实施难度较大,需要上一级政府及其行政主管部门协调。流域范围越大,跨行政区区域越多,涉及的人口、产业越多,受益者和保护者越难界定,只能按照公共产品制定公共政策,建立流域生态补偿机制。而当流域范围较小,涉及行政区较少,或者流域与行政区范围基本重合时,受益者和保护者容易界定时,可以按照俱乐部产品,以谈判、协商和合作的方式,建立流域生态补偿机制。

云南省尚未建立水源地保护生态补偿机制省级层面的政策,但是各地进行了水源地保护的生态补偿实践探索。松花坝水库始建于元代,1958 年重新修建大坝,是云南省大型水库之一,也是昆明市 300 万城市居民的主要饮用水源地。2005 年 5 月,昆明市政府开始对水源保护区 62918km^2 范围内持有农村户口的居民进行补助,对区域内集体和林农个人给予每年 90 元/公顷的生态补偿。1989 年制定的《昆明市松华坝水源保护区管理规定》(昆政发〔1989〕274 号),被 2006 年 5 月 1 日施行的《昆明市松花坝水库保护条例》代替,该条例第五条、第十九条规定了水源保护投入和补偿机制[①]。该条例规定,水源区不同县级政府、市级行政主管部门和管理机构履行各自的职责。根据《条例》制定了《昆明市主城区供水水源地水资源费使用管理规定》(昆政发〔2007〕50 号),规定提取的水资源费全部用于扶持水源区群众的生产生活补助,同时制定了《昆明市松花坝、云龙水资源保护区扶持补助办法》,从生产扶持、生活补助和管理补助三个方面对生活在水源保护区内的农村居民给予补偿。松花坝水源保护区的生态补偿机制是云南省在城市水源地生态补偿方面最为全面的法规制度,在云南省其他州(市、县、区)目前还没有达到法规和配套政策这样齐全的案例。

在水资源保护方面,仍然存在诸多问题。一是水资源保护涉及多个部门,水行政主管部门负责水源保护区的管理和监督,环境保护行政主管部门负责水污染防治的管理和监督,水源保护区管理机构负责日常保护和管理。而水源涵养的森林湿地生态系统的保护、建设、修复和恢复则由林业行政主管部门负责,造成面源污染的农业生产由农业行政主管部门负责。取水许可证、水资源费由水行政主管部门审批、征收,水污染排放许可证、水污染由环境行政主管部门发放、治理。二是水资源保护没有形成和建立全省性的生态补偿机制。除松花坝、云龙水库,由于昆明市经济条件较好、城市饮用水安全影响大,建立了生态补偿机制,大多数州市、县区城镇尚未建立生态补偿机制,农村居民更是难以完全保障饮用水安全。三是水资源生态补偿的科学标准尚未建立。目前水资源费的收取标准,没有得到公认的科学计算方法,补偿给水源保护区的资金标准也是根据政府的财力来确定,水源区的农村居民抱怨补偿标准低,扩大耕种面积的情况时有发生。

---

① 《昆明市松花坝水库保护条例》第五条:市人民政府应当将水源保护纳入国民经济和社会发展规划,建立水源保护投入机制和补偿机制,加大对水源保护区的扶持力度,加强基础设施建设,改善人民群众的生产、生活条件。 第十九条:市人民政府及盘龙区、嵩明县人民政府应当设立水源保护财政专户,统筹专项资金,建立稳定的投入机制和能源替代、医疗保险、生活补助、生态保护等补偿机制。应当提取一定比例的水资源费,扶持水源保护区群众的生产和生活。具体办法由市人民政府制定。

第三节　云南省自然保护区的生态补偿实践探索

目前，云南省尚未建立全省性的自然保护区生态补偿政策机制，但一些自然保护区管理机构结合自身特点和当地实际开展了很多有益的实践探索。典型案例有文山国家级自然保护区的水电生态补偿、西双版纳国家级自然保护区的旅游生态补偿、碧塔海和玉龙雪山省级自然保护区旅游生态补偿。

一、文山国家级自然保护区水电生态补偿

文山国家级自然保护区由文山老君山和西畴小桥沟两个片区组成，1958 年 8 月经云南省林业厅批准建立文山县老君山和西畴县坪寨两个国营林场，1980 年 6 月 5 日文山州革命委员会批准合并建立州级保护区，1986 年 3 月批建小桥沟省级保护区，1997 年批建老君山省级保护区，2000 年 7 月扩建合并为"云南文山自然保护区"，2003 年 6 月升为国家级自然保护区。总面积 26867hm²。属森林生态系统类型的自然保护区。主要景观有森林、地貌、水域、人文等，如薄竹山、老君山、林海、竹海、溶洞、温泉、瀑布、雪帘等。植物有华盖木、长蕊木兰、钟萼木、红豆杉、云南穗花杉、南方红豆杉、大叶木兰、香木莲、滇桐、毛枝五针松、伯乐树、马尾树等。分布有兽类 9 目 29 科 60 属 86 种，鸟类 13 目 37 科 221 种，两栖爬行类 5 目 22 科 56 属 92 种，鱼类 4 目 15 科 44 属 60 种（亚种），昆虫 11 目 75 科 222 种。其中有国家一级重点保护野生植物 5 种，如蜂猴、倭蜂猴、熊猴、云豹、印支虎；二级重点保护野生植物 32 种。

老君山每年涵养水源 $1 \times 10^8 m^3$ 以上，发源于区内的 20 余条溪流是盘龙河、那么果河的主要源头，属于盘龙河水系的幕底河水库和小河尾水库是文山市城区 30 多万居民及周边乡镇的生产、生活水源地，盘龙河被称为文山的"母亲河"。老君山片区位于文山市西部，1997 年批准建立省级保护区时面积 12.5 万亩，为保护好文山市主要水源地，2003 年晋升国家级自然保护区时，将 1.5 万亩禁伐区和周边村寨 20.4 万亩林地划入保护区，目前总面积 34.4 万亩。划入保护区内的 28 个村寨 1235 户 5007 人，其中核心区 2 个村寨 103 户 407 人，缓冲区 13 个村寨 563 户 2253 人，试验区 13 个村寨 569 户 2347 人。由于保护区内及周边人口增加，大面积森林遭到破坏，造成泥石流、洪水等自然灾害频发，1998 年洪水不但造成城区上千万元损失，而且严重影响文山城区生活饮水。1999 年，文山县委政府经过调查研究，制定了《综合治理老君山十年规划》和《老君山自然保护区暂行规定》。同年，文山州政府下发了《文山州人民政府关于对文山县建立老君山省级自然保护区专项资金等有关问题的批复》、文山州物价局《关于对自来水、电征收老君山自然保护区资源补偿基金的通知》，建立了老君山省级自然保护区专项保护资金，资金来源包括文山州级财政每年补助 20 万元，并从文山县境内用电每度加收 0.01 元资源补偿（2001 年被省级有关部门叫停），从城区用水中每吨水费加收 0.05 元资源补偿费，征收的资源补偿费免收各种税费，专项用于老君山保护区的建设和管护。2000～2008 年，共收取 250.8 万元

老君山自然保护区补偿基金。为解决老君山保护问题，2003 年文山县还实施了 3 个村寨、73 户 317 人的生态移民搬迁，由于搬迁后未能妥善解决村民后续增收发展问题，出现了部分回迁，加上资金困难，生态移民未能全面实施。

二、西双版纳国家级自然保护区旅游生态补偿

西双版纳国家级自然保护区是我国热带雨林生态系统保存最完整、热带雨林面积最大和生物多样性最丰富的大型综合自然保护区。保护区总面积 242510hm²，分布有热带雨林、热带季雨林、亚热带常绿阔叶林等 8 种植被类型，高等植物近 5000 种，保护区内有国家重点保护野生动物 114 种，占全国总数的 44.36%。自 1990 年起，自然保护区就先后在野象谷、望天树开始了小范围科普旅游活动，经过 20 多年的探索，目前已建成野象谷、望天树、雨林谷、绿石林 4 个生态旅游景区。管理体制从自建自管自营转变为委托经营。截至 2010 年，生态旅游景区累计完成投资约 4.5 亿元，累计接待游客 1225 万人次，累计旅游直接经营收入 5.3 亿元，旅游从业人员达到 2500 多人，全年带动周边社区实现收益 1000 多万元。

1993 年，建立西双版纳自然保护区森林旅游发展总公司，负责保护区所有生态旅游项目建设管理。2003 年开始，全部实行引资合作、委托经营，雨林谷景区、野象谷景区、望天树景区和绿石林景区分别由 4 家不同的公司经营管理，按照门票收入的 5%上交州财政，州财政再根据保护区管理局项目计划返还。2005～2010 年，各景区累计上缴财政超过 1200 万元，其中财政返还保护区工作经费超过 600 万元(沈庆仲，2011)。

三、碧塔海省级自然保护区(普达措国家公园)旅游生态补偿

碧塔海省级自然保护区建立于 1984 年，批准时保护区总面积 141.33km²，以高山冷杉林、高山草甸、高原湖泊生态系统和生态景观以及碧塔海特有的中甸重唇鱼为主要保护对象，1993 年中甸县林业局以这些特殊的生态景观为依托，成立中甸县林业局生态旅游开发公司开展生态旅游，1997 年，县政府成立香格里拉森林旅游总公司，县财政局成立景区门票管理中心，统一管理包括碧塔海在内的全县所有经营性景区门票收入。2000 年，县政府将碧塔海景区的独家经营权转让给天界神川旅业开发公司，同年，另一家民营企业获得了属都湖景区的经营权，成立了属都湖旅游开发公司。两个相邻的景区经营权出让后，景区的基础设施和旅游收入并未得到更好地发展，县政府于 2003 年底、2005 年初分别收回了碧塔海和属都湖两个景区的经营权，并于 2005 年开始参照国家公园的理念，将两个景区整合。

2005 年迪庆州政府委托西南林业大学开展两个景区整合后的普达措国家公园规划，并于 2006 年 8 月试运行，2007 年 6 月正式揭牌，成为中国内地第一个国家公园。普达措国家公园以优美的高山高原景观、浓郁的藏族风情、先进的保护式开发理念，吸引了国内外大批游客，从 2006 年到 2011 底，共接待游客 373 万人，旅游收入达到 6.2 亿元，通过对 2.3%面积的开发利用，实现了对 97.7%面积的保护。这一保护性旅游模式引起了国家领

导人、国家有关部委和云南省委省政府的高度重视和社会各界关注，2008 年 6 月，国家林业局批复云南省林业厅，同意将云南省列为国家公园试点省，截至 2012 年底，云南省已先后批准建立了 8 个国家公园。

目前，涉及普达措国家公园的管理和开发机构有：国家公园管理局（负责普达措国家公园 600km² 的建设规划和社区发展）、迪庆州旅游投资公司普达措旅业分公司（负责普达措景区基础设施投资建设和门票收入）、碧塔海省级自然保护区管理所（负责碧塔海保护区 161km² 的保护管理，林权所有者）。涉及的当地有 2 个乡镇 3 个村委会：建塘镇红坡村、洛吉乡九龙村和尼女村，共 23 个村民小组，821 户，3794 人，除红坡村落茸村民小组户位于国家公园内外，其余 22 个村民小组均位于国家公园周边。这些村民在国家公园建立前，就祖祖辈辈生活居住在这里，守护着这里的一草一木和生态景观，也是国家公园景观的一个重要组成部分，并通过提供骑马旅游、小食品销售等旅游服务获得了较好的旅游收入，为了保护国家公园自然景观，社区的旅游经营服务项目被全面取消，特别是对高山草甸破坏较大、对碧塔海湖水污染严重的骑马项目。

普达措国家公园生态补偿分为两个部分，一是国家生态补偿，包括退耕还林、退牧还草工程、草原生态保护补助和森林生态公益林补偿①，按照国家有关标准和政策执行；二是普达措国家公园生态旅游社区补偿，由国家公园管理局制定标准，直接兑现给农户。州政府以《迪庆州政府办公室关于普达措国家公园旅游反哺社区补助资金方案的批复》，规定了补偿范围、补偿对象、补偿标准、补偿方式、补偿年限等问题，由国家公园管理局与农户签订协议。补偿资金由迪庆州旅游开发总公司普达措旅业分公司提供，每年划拨 470 万元到国家公园管理局。根据村寨离国家公园远近，将村社分为三类区，确定不同的基本补偿标准和项目补偿：一类区，4 个村民小组，距离国家公园最近，基本补偿金为 5000 元/（户·年）、2000 元/（人·年），4 个村被取消的牵马旅游项目，补偿 157.5 万元，烧烤等旅游项目每年补偿 10 万元，门景区征地 40 亩每年补偿 25.5 万元并特许经营门禁区的公厕、藏房、烧烤等，此外，优先安排村民就业、大学生资助等；二类区，16 个村民小组，距离国家公园稍远，但位于进出国家公园西线和南线主干道二侧，基本补偿金为 500 元/（户·年）、500 元/（人·年），每年给予每个村民小组 20 万元村容整治补助资金；三类区，3 个村民小组，距离公家公园最远，但位于二期规划范围，基本补偿金 300 元/（户·年）、300 元/（人·年），每年给予每个村民小组 15 万元村容整治资金。从上述我们可以看出，总体来看，普达措国家公园的生态旅游社区补偿是成功的，为全省自然保护区和国家公园旅游生态补偿机制的建立和完善提供了重要经验。但是也面临需要进一步解决的问题，一是普达措国家公园生态旅游社区补偿标准和旅游收入的提取都没有明确的科学依据，成为生态补偿持续稳定的隐患；二是国家公园内的管理体制不顺，多个管理机构，对村民采取特许经营，旅游公司垄断经营，影响了管理水平的提高和生态补偿资金来源的保障。

---

① 由于普达措国家公园属于天保工程区，主要享受 1.75 元/（亩·年）的管护补助，同时属于三江并流国家级风景名胜区和世界自然遗产，划为国家级公益林，直到 2011 年天保工程二期才纳入国家公益林生态补偿。

四、玉龙雪山省级自然保护区旅游生态补偿

玉龙雪山省级自然保护区始建于 1984 年，批准时保护区总面积 260km^2，以温性、寒温性针叶林、高山自然垂直带谱植被景观、现代冰川为主要保护对象。保护区与云龙雪山国家级风景名胜区存在部分重叠。国有林面积占 89.4%，集体林占 10.6%。目前，保护区涉及的管理和开发机构有：玉龙雪山省级自然保护区管理局、玉龙雪山省级旅游开发区管委会、玉龙旅游股份有限公司(下设 3 个索道分公司等)，保护区内及区界线 3km 范围内共有 2 乡、2 个村委会、19 个自然村、633 户、2349 人，即大具乡甲子村委会 18 个自然村、白沙乡二十三公里村委会 1 个自然村，玉龙县专门成立了玉龙山社区办事处代表景区周边社区群众协调与景区的关系。2006 年景区管委会成立后，社区居民自主接待经营全部被取消。

1996 年开始，玉龙雪山旅游快速发展带动了周边社区群众大量搬迁到景区专门从事牵马、出租服装、烧烤等旅游经营服务，截至 2005 年，19 个自然村的 360 多户搬迁到景区周边，自建客房 600 多间、摊点 500 多个，直接参与旅游经营服务人员 1300 多人，成为导致景区卫生环境恶化、旅游次序混乱的主要原因之一，2006 年，当地政府全部取消景区社区旅游项目，集中修建商贸街，委托高原红社区服务公司统一管理社区经营服务。同时以"门票收入、企业赞助、公司收入"的方式筹集资金，全面实施旅游反哺农业，对景区周边 2 个村委会的 19 个自然村、610 户、2600 多人进行补偿。2011 年，筹集资金 1450 多万元(其中，高原红公司上交旅游收入中提取 800 万元、玉龙景区门票收入中提取 500 万元、玉龙股份公司统一赞助 150 万元)，2006～2011 年，每年给周边社区直接补偿 1050 万元及房屋拆迁、危房改造等补助。从玉龙雪山自然保护区生态补偿经验看，总体上取得了较好效果，但是也存在一些问题，一是生态补偿仅局限于社区生态补偿，对自然生态保护、恢复补偿基本没有，影响到保护区生态系统和生态景观的保护和恢复；二是生态补偿标准制定尚未建立科学方法，增加了提取旅游收入和给予社区农民补偿时的困难和潜在矛盾；三是管理体制不顺带来的生态补偿利益主体不清，难以提高生态补偿效率。

第四节　云南省生态补偿面临的问题与困难

从退耕还林、天然林保护到森林生态效益补偿、矿产资源开发利用和水资源生态补偿的实践、法规和政策可以看出，目前我国、我省建立和完善生态补偿机制已经形成社会共识，但涉及生态补偿名目繁多、管理部门分散、补偿标准混乱、资金投入不足、政策缺位、补偿体系不够完善等问题，尚未正建立起谁破坏谁补偿、谁受益谁付费等原则的生态补偿机制。一是生态补偿名目繁多、管理部门分散。与生态补偿相关的各种税费繁多，但是大多没有明确规定用于生态补偿，而且征收的部门并非生态保护、建设和恢复的主管部门，难以直接开展生态建设。生态建设的主体林业部门，并不直接征收相关费用。二是部分直接严重破坏生态环境的行为，没有建立生态恢复和建设的补偿税费征收制度。很多学者认

为矿产资源税费是生态补偿税费的一部分，实际上造成严重生态破坏的矿山开发并未上缴生态补偿费。除昆明市松花坝、云龙水库水源保护等地方实践法规的水资源相关费用用于生态补偿外，国家和省级的法规中，水资源相关费用也未规定用于生态补偿。因此，矿产和水资源领域的生态补偿机制的建立还任重道远。三是生态补偿标准混乱、资金投入严重不足。无论是森林生态补偿、矿产资源开发，还是水资源生态补偿，都没有建立科学的生态补偿标准核算制度，现有的补偿标准不是根据财政收入状况来确定，就是根据仅仅支付管护费用。由于各种税费由不同的行业主管部门主导与税务财政部门制定，大多没有体现生态恢复和生态补偿的目的和内容，生态补偿资金匮乏，严重影响生态补偿机制的建立和完善。四是政策法规缺位、补偿体系不够完善。尽管各地已有很多成功的生态补偿实践，但现有的法规大多没有生态补偿的条款，也没有生态补偿的专门法规，生态补偿处于无法可依的尴尬境地。近年来新出台的法规如刚刚通过的《云南省湿地保护条例》专门一条规定建立和完善生态补偿机制，但是没有上位法和相关的税法保障，执行起来将有一定难度。综上所述，生态补偿机制的建立和完善，需要国家或者省级层面进行综合研究，尽快建立起包含法规、财税、监测、协商等内容的较为完善的生态补偿机制。

从前述自然保护区生态补偿的四个典型案例我们可以看出，尽管国家和云南省的自然保护区条例没有提出生态补偿的专门条款，也未建立全省性的自然保护区生态补偿机制，各地根据自身的特点和情况，开展了自然保护区生态补偿的有益探索，大多取得了较好成效，特别是已经开展生态补偿的4个自然保护区的资金，主要来源于水源涵养和游憩两个生态服务功能所产生的直接经济效益，而且这两项功能是通过市场机制建立生态补偿，这些实践为建立全省性的自然保护区生态补偿机制提供了宝贵经验。目前存在的主要问题，一是生态补偿法规不健全。现有的相关法规涉及生态补偿条款有：《云南省自然保护区条例》（1997）第十七条："自然保护区的建设和管理经费来源：（三）自然保护区管理机构组织开展以自然保护区发展方向一致的生产经营活动的收益"。《风景名胜区条例》（2006）第十一条："因设立风景名胜区对风景名胜区内的土地、森林等自然资源和房屋等财产的所有权人、使用权人造成损失的，应当依法给予补偿"，第三十七条："风景名胜区管理机构应当与经营者签订合同，依法确定各自的权利义务。经营着应当缴纳风景名胜资源有偿使用费"，《湿地保护管理规定》（2011）第二十四条："湿地公园开展生态旅游等经营活动获得的收入，应当主要用于湿地保护管理"，云南省政府《关于进一步加强自然保护区建设和管理的意见》（云政发〔2011〕225号）第二十条："涉及自然保护区范围或功能区调整，占用自然保护区土地的交通、电力和旅游等工程建设和资源开发项目，必须进行生物多样性影响评价，并签订长期生态补偿协议"。可以看出，自然保护区建立生态补偿的法规制度是不健全的，从而影响到生态补偿资金来源和补偿的法律依据不足，但是，生态补偿的政策意识已经逐步加强。二是生态补偿标准和生态服务付费标准的确定不科学、不统一。从以上案例可以看出，无论是文山保护区计收水费、电费，还是西双版纳、碧塔海、玉龙雪山保护区提取旅游收入，制定的征收标准没有科学依据，缴费者大多认为太高，付费不积极，而补偿给农民的费用标准也没有科学测算，获得补偿的农民仍然抱怨补偿不够，从而形成补偿主体和客体的潜在矛盾。因此，建立科学的补偿标准和收费标准，对于生态补偿机制的完善和健康发展至关重要。三是管理体制不顺导致的利益相关群体混乱。

开展旅游较好的保护区内存在多个管理机构，旅游开发公司行使管理职能，周边社区行政管辖分散，导致在实施生态补偿时难以明确界定生态补偿的直接相关方，这已成为突出的问题。四是对生态补偿的内涵不清。大多数将生态补偿界定在社区经济补偿，没有将对保护区内的物种、生态系统和生态景观的保护、恢复、修复的内容作为生态补偿的目的，因而影响生态补偿的成效。五是生态环境监测体系不健全。除西双版纳保护区有两个监测站、哀牢山有一个监测站外，全省自然保护区尚未建立生态监测体系，更没有社区监测，无法提供生态状况变化的动态监测，也无法提供生态补偿成效监测。

第五节　自然保护区是云南省生态补偿的重中之重

云南省自 1958 年开始建立自然保护区以来，经历了初创、抢救和规范管理三个阶段，目前各级各类自然保护区已达到 156 个，其中国家级 19 个，省级 38 个，总面积 $281.18 \times 10^4 hm^2$，占全省总面积的 7.1%，基本形成了布局合理、类型较为齐全的自然保护区网络体系。自然保护区相关法规政策基本形成，通过国家野生动植物与自然保护区工程建设，自然保护区基础设施基本完备，保护管理能力大幅度提高，科学研究成果显著，社会公众保护意识大幅度提高，一大批珍稀野生动植物、典型生态系统和生态景观得到有效保护。

云南省自然保护区保护了我国 80% 的典型森林生态系统和最精华的天然优质森林，包括全省 57% 的热带雨林和季雨林、15% 的季风常绿阔叶林、15% 的半湿润常绿阔叶林、16% 的中山湿性常绿阔叶林、36% 的寒温性针叶林，同时还涵盖了 30% 的天然湖泊水体，孕育了集水面积在 $100km^2$ 以上的河流 908 条。保护了陆生野生脊椎动物 1370 种，占全国总数的 51.8%；鱼类 432 种，占全国总数的 42.2%；高等植物 16200 余种，占全国总数的 47.6%；超过 90% 的国家重点保护植物和约 80% 的国家重点保护动物被列为主要保护对象在自然保护区得到有效保护。云南省自然保护区在我国生物多样性宝库的建设中发挥了不可替代的作用。

云南省自然保护区是生态服务功能的生产区和外溢区，2010 年，全省 56 个国家级和省级自然保护区森林生态系统提供了 2009 亿元的生态服务功能价值，相当于云南省 2010 年 GDP 的 27.8%，以 5.7% 的国土面积，提供了全省 19.6% 的森林生态服务价值，自然保护区单位面积的生态服务价值是全国平均水平的 2.9 倍，是云南省平均价值的 2.4 倍。仅 56 个自然保护区的涵养的水源量就达 $56.53 \times 10^8 m^3$，相当于 565 个中型水库。自然保护区在保水、保土、保肥方面的功能以及净化空气、吸收二氧化碳等方面的作用，为云南乃至下游其他省份和东南亚国家的农业生产、水利建设和水电产业的发展，生存生活环境的改善，发挥了重要作用，成为西南生态安全屏障的重要支撑。

云南省自然保护区内及周边，由于种种原因，仍然有大量的居民生产生活，由于保护区的建立，影响、限制或损害了这部分群众的生产生活乃至社会经济发展。为此，各级政府从经济发展项目、生态保护与建设工程以及生态公益林生态补偿等各方面给予了优先支持，促进了人与自然和谐、生态保护与经济发展的协调，部分自然保护区开展了生态补偿的实践探索，积累了一定经验，为建立自然保护区生态补偿机制奠定了较好基础。

　　自然保护区法规健全、边界清楚、生态服务功能突出、涉及人口贫困、民族众多、地处偏远,是国家主体功能区中禁止开发区的核心,近十年来也探索了一些好的经验,但是也存在生态补偿专门法规政策缺乏、补偿标准不规范、资金来源不足等问题,因此,自然保护区生态补偿机制的建立和完善,对于主体功能区中其他类型的限制和禁止开发区生态补偿机制的建立具有重要借鉴意义,对于全省生态补偿机制的建立和完善具有极为重要的地位和作用。

第六章　云南省自然保护区森林生态
服务功能及其价值评估

第一节　自然保护区的生态服务功能评估现状

　　尽管生态服务功能评估在我国已开展多年，涉及森林、湿地、草地、农业等不同的生态系统类型，但是由于对生态系统服务功能的认识差距，长期以来没有形成国家行业技术标准，评估方法不统一、评估指标不统一，即使同一时期对同一区域同一生态系统类型的评估结果也不一致，评估结果没有可比性。例如，对全国森林生态系统生态服务功能及其价值评估，就分别有侯元兆等(1995)、蒋延玲和周广胜(1999)、陈仲新和张新时(2000)、赵同谦等(2004)不同结果。直到2008年底，国家林业局委托中国林科院起草并发布《森林生态系统服务功能评估规范》(LYT1721—2008)，根据这一技术规范，2009年11月完成并发布《中国森林生态服务功能评估报告》，全国各地根据这一技术规范，先后开展了多个省区的森林生态系统服务功能评估。

　　近年来开展的生态服务功能及其价值评估，大多是以全国或者某一个行政区域的某一种生态系统类型为主体，而自然保护区的生态服务功能评估，大多以单个自然保护区为对象。截至2012年底，全国373个国家级自然保护区中，开展森林生态服务功能及其价值评估的不到30个。森林类型的自然保护区，如：甘肃祁连山(秦万象等，2000)、山西芦芽山(亢新刚等，2001)、湖南武陵源(李长荣，2004)、吉林珲春(戚继忠和张吉春，2004)、湖北九宫山(钟学斌等，2005)、内蒙古达里诺尔(乔光华等，2005)、河北雾灵山(毛富玲等，2005)、福建武夷山(许纪泉和钟全林，2006)、广东南昆山(许志晖和丁登山，2006)、云南大围山(邓永红，2006)、江西九连山(李晖，2006)、江西井冈山(彭子恒等，2008)、山东昆嵛山(王玉涛等，2009)、辽宁仙人洞(靖晶等，2009)、广东福田(王燕等，2010)、西藏工布(胡世辉和张力建，2010)、云南轿子山(张治军等，2010)、河北小五台山(郭雅儒等，2011)、新疆喀纳斯(李偲等，2011)、河南鸡公山(石冠红等，2012)、黑龙江丰林(董骁勇和刁云飞，2013)、湖南八大公山(王忠诚等，2012)、福建天宝岩(陈花丹等，2013)。湿地类型的自然保护区(包括列入国际重要湿地的省级自然保护区)，如：河北衡水湖(尹连庆和解莉，2007)、江苏泗洪洪泽湖(翟水晶等，2008)、黑龙江扎龙(张淑华和张雪萍，2010)、新疆艾比湖(谢正宇等，2011)。由于湿地生态服务功能评价技术相对滞后，开展的不多。但是这些评估不仅评估技术、方法、指标不同，而且评估的生态系统类型、生态服务功能也不相同，没有比较价值。同一个自然保护区，可能以一种生态系统类型为主，也可能森林、湿地几种生态系统并存，由于不同生态系统类型的评估技术方法不同，目前的生态服务功能评估大多对其中的森林或湿地一种生态系统类型进行评估。

截至目前，按照统一方法、技术和指标体系，以一个省级行政区域内所有自然保护区整体为对象进行生态服务功能及其价值区域性全面评估的还没有见到报道，可供借鉴的案例不多。游云飞(2007)从福建省10个国家级自然保护区和21处国家森林公园中选取了4个国家级自然保护区和5个国家森林公园，进行了生态服务功能价值评估和比较，这是已有报道中仅有的按照统一的技术方法和指标，进行的多个保护区生态服务功能及其价值评估，但因为没有具体的计算方法，仅有3大类13个指标(气候调节、干扰调节、水分调节、水资源供给、侵蚀控制、土壤形成、营养循环、废物处理、食物生产、原材料、基因资源、娱乐、文化)，无法参考和比较。由此可见，生态服务功能的定义、不同服务功能、评估指标体系、不同指标的评估方法的标准化，对于各地生态服务功能及其价值的评估实践，具有重要意义。不同生态系统类型，其评估的技术方法也应当建立相应的规范标准。

《森林生态系统服务功能评估规范》(LY/T 1721—2008)定义：森林生态系统服务功能是森林生态系统与生态过程所形成及维持的人类赖以生存的自然环境条件与效用。主要包括森林在涵养水源、保育土壤、固碳释氧、积累营养物质、净化大气环境、森林防护、生物多样性保护和森林游憩等方面提供的生态服务功能。同时，《森林生态系统服务功能评估规范》提出了8个指标类别(即8个主要功能)14个评估指标(即14个分功能)，并且给出了森林生态系统服务功能实物量评估公式、价值量评估公式等具体计算方法，具有很强的操作性，为我国森林类型生态系统的生态服务功能及其价值评估做出了重要贡献。生态服务功能及其价值评估不但要科学、客观，而且指标体系和技术方法必须统一，评估的生态系统类型要基本相同，才能保证评估结果在各个自然保护区之间具有可比较性，因此，我们采用这一《森林生态系统服务功能评估规范》，对云南省截至2010年底批准建立的所有56个国家级和省级自然保护区进行森林生态服务功能及其价值评估。自然保护区基本情况详见文末附表1，自然保护区森林面积和蓄积详见文末附表2。

科学、客观地研究和评估自然保护区的森林生态系统服务功能价值，不但为生态补偿标准的确定提供科学依据，而且，科学评估和量化全省自然保护区的生态系统服务，直观体现和反映自然保护区的重要性、价值和建设成绩，有助于提高全社会对自然保护区的认识、重视程度及生态环境意识；通过比较研究，为全省自然保护区的建设管理和发展提供科学依据，进一步提升和充分发挥自然保护区的生态系统服务功能，促进其在社会经济可持续发展中发挥保障作用；为生态效益评价、资源税改革乃至生态文明程度的评价等政府决策提供科学依据。

第二节　生态服务功能及其价值评估方法

一、森林生态系统服务功能

森林生态系统不但为人类提供了重要的物质原料，而且为人类的生态安全提供了重要保障，《森林生态系统服务功能评估规范》(LY/T 1721—2008)对此进行了进一步规范界定。

(一)涵养水源功能

森林生态系统是陆地生态系统中涵养水源功能最强的生态系统类型。涵养水源指森林对降水的截留、吸收和贮存以及将地表水转为地表径流或地下水的作用。主要功能表现在增加可利用水资源、净化水质和调节径流等方面。

(二)保育土壤功能

森林保育土壤指森林中活地被物和凋落物层层截留降水，降低水滴对表土的冲击和地表径流的侵蚀作用；同时林木根系固持土壤，防止土壤崩塌泻溜，减少土壤肥力损失以及改善土壤结构的功能。森林的存在，特别是森林中活地被层和凋落物层的存在，使降水被层层截留并基本消除了水滴对表土的冲击和侵蚀。森林保育土壤的功能包括森林固土和森林保肥两方面。

(三)固碳释氧功能

森林生态系统是陆地生态系统的主体，是陆地碳的主要储存库。森林对现在及未来的气候变化和碳平衡都具有重要影响。固碳释氧功能是指森林生态系统通过生物量碳库、土壤有机碳库、枯落物碳库和动物碳库固定碳素，并通过光合作用制造氧气的功能。

(四)积累营养物质功能

森林植物通过生化反应，在大气、土壤和降水中吸收 N、P、K 等营养物质并贮存在体内各器官的功能。森林植被生长能够积累营养物质，森林植被在其生长过程中不断地从周围环境中吸收 N、P、K 等营养物质，并贮存在各器官中。森林植被积累营养物质的功能对降低下游面源污染及水体富营养化有重要作用。

(五)净化大气环境功能

森林净化大气环境功能指森林生态系统对大气污染物(如二氧化硫、氟化物、氮氧化物、粉尘、重金属等)的吸收、过滤、阻隔和分解，以及降低噪声、提供负离子和萜烯类(如芬多精)物质等功能。

(六)生物多样性保护功能

生物多样性通常认为包括基因、物种、生态系统和生态景观四个层次，鉴于生态系统和生态景观可以单列指标评估，因此，这里主要指基因和物种两个方面。森林的生物多样性保护功能是指森林生态系统为生物物种提供生存与繁衍的场所，从而对其起到保育作用的功能。森林在维持自身结构和功能的同时也支撑和维持了地球生命支持系统。森林生态系统以其复杂的组织结构，成为物种生存、繁殖与进化的庇护所。

(七)森林防护功能。

防风固沙林、农田牧场防护林、护岸林、护路林等防护林降低风沙、干旱、洪水、台风、盐碱、霜冻、沙压等自然灾害的功能。

(八)森林游憩功能。

森林生态系统为人类提供休闲和娱乐的场所，使人消除疲劳、愉悦身心、有益健康的功能。

二、评估指标体系及其评估方法

生态系统结构极为复杂，组成的无机和有机的因子众多，各因子相互作用、相互联系，因此，生态系统具有多种多样的服务功能，各种功能之间相互联系、相互作用。生态系统服务分类是价值评估的基础，直接影响价值评估的结果。国内外对于生态系统服务有许多不同的分类体系。本研究采用《森林生态系统服务功能评估规范》(LY/T 1721—2008)森林生态系统服务分类方法，按照代表性、全面性、简明性和可操作性原则，从评估规范的8大类14个指标中，选取6个类别共11个指标评估全省自然保护区的生态服务价值(见表6-1)。具体评估方法和公式详见附表3。

表6-1　全省自然保护区森林生态系统服务功能评估指标体系

指标类别	评估指标	备注
涵养水源	调节水量净化水质	
保育土壤	森林固土森林保肥	N、P、K、有机物质
固碳释氧	森林固碳森林释氧	
积累营养物质	林木营养积累	N、P、K
净化大气环境	提供负离子吸收污染物阻滞降尘	SO_2、氟化物、氮氧化物
生物多样性保护	物种保育	

三、数据来源

本评估采用的数据主要有五个来源：①2005～2008年完成的全省二类森林资源调查成果；②自然保护区科学考察报告和总体规划；③1997～2001年开展的云南省野生动植物资源调查成果以及相关物种的科研和调查成果；④大专院校、科研院所和自然保护区开展的其他相关研究、监测成果资料及公开发表的文献资料；⑤政府权威部门发布的社会公共数据(见附表4)。

第三节　森林生态服务功能物质量

一、评估对象概况

根据云南省自然保护区分类分级情况，将评估对象确定为截至 2010 年底国务院和云南省政府批准建立的全省范围内的生态系统和野生生物类别的国家级和省级自然保护区，包括 16 个国家级自然保护区和 40 个省级自然保护区，总面积 $225.03 \times 10^4 hm^2$，占全省自然保护区总面积的 75.34%，占全省国土总面积的 5.7%。

根据 2005～2008 年完成的云南省森林资源规划设计调查成果，评估区域内林地面积 $198.75 \times 10^4 hm^2$，占评估区域面积的 88.32%。其中，有林地面积为 $166.43 \times 10^4 hm^2$，占林地面积的 83.86%。评估区域森林覆盖率为 79.59%，其中有林地覆盖率为 73.96%。林分（乔木纯林、混交林）面积 $161.25 \times 10^4 hm^2$，活立木总蓄积 $27089.77 \times 10^4 m^3$，单位面积蓄积量为 $168.00 m^3$。纳入评估的森林（纯林、混交林、竹林）面积为 $163.20 \times 10^4 hm^2$，占评估面积的 71.16%。其中纯林面积 $114.09 \times 10^4 hm^2$，混交林面积 $47.16 \times 10^4 hm^2$，竹林 $1.95 \times 10^4 hm^2$。按起源划分，天然森林面积 $156.28 \times 10^4 hm^2$，占森林面积的 95.76%；人工森林面积为 $4.93 \times 10^4 hm^2$，占 3.02%；飞播森林面积为 $1.99 \times 10^4 hm^2$，占 1.22%。

二、总物质量

根据评估指标体系及其计算方法，全省自然保护区森林生态系统涵养水源量为 $56.53 \times 10^8 m^3/a$；固土 $19672.18 \times 10^4 t/a$，减少土壤中 N 损失 $72.64 \times 10^4 t/a$，减少土壤中 P 损失 $22.49 \times 10^4 t/a$，减少土壤中 K 损失 $272.89 \times 10^4 t/a$，减少土壤中有机质损失 $1782.82 \times 10^4 t/a$；固碳 $332.01 \times 10^4 t/a$，释氧 $888.85 \times 10^4 t/a$；林木积累 N $5.46 \times 10^4 t/a$，积累 P $0.38 \times 10^4 t/a$，积累 K $3.77 \times 10^4 t/a$；提供负离子 2.42×10^{25} 个/a，吸收二氧化硫 $22.27 \times 10^4 t/a$，吸收氟化物 $0.50 \times 10^4 t/a$，吸收氮氧化物 $0.98 \times 10^4 t/a$，滞尘 $3068.73 \times 10^4 t/a$（表 6-2）。

表 6-2　森林生态系统服务功能物质量评估表（郭辉军，2012；华朝郎等，2013）

功能类别	指标	物质量	功能类别	指标	物质量
涵养水源	调节水量	$56.53 \times 10^8 m^3/a$		林木积累 N	$5.46 \times 10^4 t/a$
	固土	$19672.18 \times 10^4 t/a$	积累营养物质	林木积累 P	$0.38 \times 10^4 t/a$
	减少 N 损失	$72.64 \times 10^4 t/a$		林木积累 K	$3.77 \times 10^4 t/a$
保育土壤	减少 P 损失	$22.49 \times 10^4 t/a$		提供负离子	2.42×10^{25} 个/a
	减少 K 损失	$272.89 \times 10^4 t/a$	净化大气环境	吸收 SO_2	$22.27 \times 10^4 t/a$
	减少有机质损失	$1782.82 \times 10^4 t/a$		吸收 HF	$0.50 \times 10^4 t/a$

续表

功能类别	指标	物质量	功能类别	指标	物质量
固碳释氧	固碳	$332.01 \times 10^4 t/a$		吸收 NO_x	$0.98 \times 10^4 t/a$
	释氧	$888.85 \times 10^4 t/a$		滞尘	$3068.73 \times 10^4 t/a$

三、物质量分布格局

云南省自然保护区森林生态服务功能总物质量的计算结果（详细结果见文末附表 5）可得出以下结论。

(1)涵养水源功能：$0.35 \sim 115156.54 \times 10^4 m^3/a$。涵养水源总量与森林面积和森林植被直接相关。在不同的森林植被中，热带雨林、季雨林的涵养水源功能最大，其次为常绿阔叶林。主要以热带雨林、季雨林构成的西双版纳自然保护区，其面积较大，因而其涵养量最大；而主要由常绿阔叶林组成的高黎贡山、临沧澜沧江自然保护区分居二、三位。

(2)保育土壤功能。①固土功能 $285.28 \sim 38635\,889.75\ t/a$。固土功能除主要与森林面积相关外，还与林地土壤侵蚀模数相关。坡度较大的区域，其林地与无林地的土壤侵蚀模数相差较大，其保育土壤量差别较大。高黎贡山由于其面积最大，并且森林分布坡度较大，因而其保育土壤量最大；西双版纳保护区次之。②保肥功能中，减少土壤中 N 损失 $1.06 \sim 213485.56\ t/a$，减少土壤中 P 损失 $0.25 \sim 57329.32\ t/a$，减少土壤中 K 损失 $4.15 \sim 555197.94\ t/a$，减少土壤中有机质损失 $22.23 \sim 5535132.19\ t/a$。保肥功能与固土量以及所固土壤中的 N、P、K 含量相关。固土量大，并且土壤中 N、P、K 含量高的保护区，其保肥量较大。其中，高黎贡山保肥量最大，白马雪山次之。

(3)固碳释氧功能：固碳量 $2.49 \sim 722874.32 t/a$，释氧量 $6.67 \sim 1935249.74\ t/a$。固碳释氧量与林木的净生长量相关，净生长量大的保护区其固碳释氧量较大。西双版纳自然保护区由于雨量充足，光热条件好，其林木生长快，并且林木蓄积量大，因而其固碳释氧量最大；高黎贡山次之。

(4)积累营养物质功能：林木积累 N $0.02 \sim 14733.09\ t/a$，积累 P $0.002 \sim 1081.51\ t/a$，积累 K $0.01 \sim 9583.44\ t/a$。林木营养积累与林木的净生长量以及林木积累 N、P、K 的能力相关。不同的森林类型，其林木积累 N、P、K 的能力不同，常绿阔叶林积累 N、P、K 能力较大。因此，林木净生长量较大，积累能力较强的保护区，其林木营养积累量较大。其中，西双版纳营养积累量最大，高黎贡山次之。

(5)净化大气环境功能。①提供负离子量 $2.28 \times 10^{19} \sim 5.52 \times 10^{24}$ 个/a。提供负离子量与森林面积以及针阔林相关，针叶林的森林其提供负离子能力较大。高黎贡山保护区面积远大于其他保护区，因而其提供负离子量最大；白马雪山保护区针叶林比例较大，并且其面积也较大，提供负离子量位居第二位。②吸收污染物功能中，吸收二氧化硫 $0.51 \sim 44318.00\ t/a$，吸收氟化物 $0.001 \sim 1036.20\ t/a$，吸收氮氧化物 $0.014 \sim 1\,682.59 t/a$。吸收污染物功能与森林面积以及林木类型相关。针叶林吸收二氧化硫能力强于阔叶林，而在吸收氟化物中低于阔叶林。高黎贡山保护区面积远大于其他保护区，因而其吸收二氧化硫、氟化物以及氮氧化物量最大。③滞尘功能 $78.28 \sim 6374183.89 t/a$。滞尘功能与森林面积和林木类型相关，针叶林的滞尘能力强于阔叶林。高黎贡山保护区面积远大于其他保护区，因而其滞尘量最大；白马雪山保护区针叶林比例较大，并且其面积也较大，其滞尘量位居第二位。

第四节　森林生态服务功能价值量

一、总价值和单位面积价值

云南省自然保护区森林生态服务年总价值为 2009.02 亿元。其中，涵养水源价值为538.75 亿元/a；保育土壤价值为493.79 亿元/a；固碳释氧价值为122.09 亿元/a；积累营养物质价值为16.11 亿元/a；净化大气环境价值为83.21 亿元/a；生物多样性保护价值为755.07亿元/a。保护区单位面积森林生态服务功能价值平均为12.31 万元/（hm²·a）。

在对云南省自然保护区所进行评估的六大森林生态服务功能中，生物多样性保护价值最大，水源涵养价值居第二，保育土壤价值居第三，固碳释氧价值、净化大气环境价值、积累营养物质价值分别居四、五、六位，由此可见，自然保护区森林在云南省生物多样性保护、水源涵养和保育土壤等方面的巨大作用，在我国生物多样性宝库和西南生态安全屏障建设中的突出地位。

生物多样性保护价值达 755.07 亿元/a，占 37.58%，充分显示了自然保护区在保护生物多样性的重大作用。云南省素有"动物王国""植物王国"的美誉，生物物种种类及特有类群数量均居全国之首，生物多样性在全国乃至全世界均占有重要的地位。全省有国家重点保护野生植物 114 种，占全国重点保护野生植物种数的 46.30%，居全国第一位；有国家重点保护野生动物 222 种，占全国重点保护野生动物种数的 55.40%。在自然保护区中，生存着90%以上的国家重点保护物种，除此外还生存着许许多多的其他动植物物种，其生物多样性十分丰富。因此，自然保护区的生物多样性保护价值最大。

涵养水源和保育土壤价值累计达 1032.54 亿元/a，占 51.40%，涵养水源量为 56.53×10^8m³/a，体现了自然保护区森林在保水保土方面的重大价值。全省自然保护区的森林覆盖率达到 79.59%，其良好的森林植被能够覆盖地面、截留降雨、减缓降雨对土壤的冲刷，并且大量的枯枝凋落物能调节地面径流、减缓流速、过滤淤泥、避免土壤板结、增加蓄水能力；同时，林地和无林地的土壤侵蚀模数根据覆盖率和坡度不同其差异性较大，而云南省的自然保护区多数都是分布在坡度较大的区域，森林茂密、根系庞大，其保土价值显著。因此，自然保护区的森林保水保土价值较大。由此可见，利用自然保护区在水源涵养和净化水质方面的突出功能，可以通过开展水权交易，在城市供水、水电站库区，率先建立生态补偿机制。

固碳释氧和积累营养物质价值都与林木的净生长量相关。自然保护区森林茂密，生长力旺盛，每年可固碳 332.01×10^4 t 以及大量的 N、P、K 等化学元素，可见其在调节气候变化以及减轻水体富营养化方面的重要作用。

二、价值量分布格局

云南省自然保护区森林生态服务功能总价值及排序情况见表 6-3。其中高黎贡山国家级自然保护区最高，其次为西双版纳、白马雪山、临沧澜沧江、铜壁关等自然保护区。从表 6-3 可以看出，各自然保护区森林生态服务总价值与森林面积相关，面积大的自然保护区，其总价值较大。

云南省自然保护区森林生态服务功能单位面积价值情况见表 6-4。其中高黎贡山国家级自然保护区最高，其次为西双版纳、白马雪山、分水岭、铜壁关等自然保护区。各自然保护区森林生态服务单位面积价值为 5.98～15.38 万元/(hm²·a)，单位面积价值较高的区域主要集中在西部和南部边境地区，呈现西部高，自西北到西南、自西向东逐步降低的空间格局。

单位面积价值最高的区域集中在热带雨林、季雨林以及常绿阔叶林地区。这里的生物多样性丰富，林分净生产力高，固碳能力强，保水保土功能显著，主要包括高黎贡山、西双版纳、分水岭、铜壁关等自然保护区。白马雪山保护区由于生物多样性较为丰富，并且保水保土能力显著，因而其单位面积价值位于前列。

单位面积价值最低的区域是滇东北地区，这里人口密集，人为干扰比较严重，森林覆盖率低，森林质量较差，生物多样性和林分净生产力处于较低水平，包括朝天马、驾车、珠江源、海子坪等自然保护区。

表 6-3　森林生态系统服务功能总价值及其排序表(郭辉军，2011，2012；华朝朗等，2013)

排序	名称	价值/(万元/a)	比例/%	排序	名称	价值/(万元/a)	比例/%
1	高黎贡山	43 14 158.11	21.47	29	碧塔海	102 589.96	0.51
2	西双版纳	32 55 985.83	16.21	30	莱阳河	82 590.96	0.41
3	白马雪山	25 87 668.67	12.88	31	威远江	78 244.41	0.39
4	临沧澜沧江	12 82 377.53	6.38	32	金光寺	74 419.04	0.37
5	铜壁关	10 08 895.63	5.02	33	古林箐	72 097.3	0.36
6	哀牢山	770 197.86	3.83	34	云龙天池	67 313.21	0.34
7	南滚河	595 568.45	2.96	35	小黑山	56 663.49	0.28
8	云岭	583 415.01	2.9	36	老君山	48 445.8	0.24
9	分水岭	554 907.12	2.76	37	朝天马	44 803.89	0.22
10	黄连山	543 672.65	2.71	38	会泽黑颈鹤	44 320.55	0.22
11	珠江源	444 117.59	2.21	39	泸沽湖	41 572.91	0.21
12	大围山	389 276.21	1.94	40	大山包	32 436.72	0.16
13	无量山	377 503.89	1.88	41	轿子山	31 821.14	0.16
14	南捧河	308 934.11	1.54	42	驾车	26 815.03	0.13
15	苍山洱海	261 625.18	1.3	43	药山	26 802.99	0.13

续表

排序	名称	价值/(万元/a)	比例/%	排序	名称	价值/(万元/a)	比例/%
16	文山	221 780.88	1.1	44	拉市海	25 518.44	0.13
17	纳板河	206 692.08	1.03	45	西歧桫椤	15 806.42	0.08
18	大雪山	180 837.16	0.9	46	普者黑	12 512.33	0.06
19	糯扎渡	175 037.73	0.87	47	剑湖湿地	10 410.71	0.05
20	观音山	161 581.51	0.8	48	十八连山	8 244.46	0.04
21	元江	134 145.01	0.67	49	海子坪	7 698.5	0.04
22	玉龙雪山	120 968.82	0.6	50	三江口	6 030.42	0.03
23	沾益海峰	120 541.86	0.6	51	腾冲北海	5 293.03	0.03
24	驮娘江	118 004.11	0.59	52	雕翎山	3 976.7	0.02
25	哈巴雪山	113 848.85	0.57	53	青华绿孔雀	3 889.95	0.02
26	紫溪山	113 340.51	0.56	54	孟连竜山	474.19	0
27	阿姆山	108 046.28	0.54	55	普渡河	71.14	0
28	麻栗坡老山	106 202.6	0.53	56	纳帕海	18.1	0

表 6-4　森林生态系统服务功能单位面积价值及其排序表(郭辉军，2011，2012；华韩朗等，2013)

排序	名称	单位面积价值/[万元/(hm²·a)]	排序	名称	单位面积价值/[万元/(hm²·a)]
1	高黎贡山	15.38	29	药山	9.44
2	西双版纳	14.38	30	阿姆山	9.39
3	白马雪山	13.91	31	麻栗坡老山	9.26
4	分水岭	13.46	32	腾冲北海	9.13
5	铜壁关	13.08	33	三江口	9.07
6	无量山	12.94	34	泸沽湖	9.06
7	哀牢山	12.72	35	元江	9.05
8	南滚河	12.7	36	会泽黑颈鹤	8.84
9	古林箐	12.37	37	金光寺	8.78
10	大围山	11.96	38	孟连竜山	8.78
11	大雪山	11.89	39	拉市海	8.78
12	菜阳河	11.84	40	大山包	8.69
13	文山	11.68	41	苍山洱海	8.58
14	纳板河	11.56	42	轿子山	8.47
15	老君山	11.31	43	朝天马	8.2
16	观音山	11.18	44	西歧桫椤	7.72
17	黄连山	11.06	45	紫溪山	7.69
18	云龙天池	10.74	46	纳帕海	7.68

排序	名称	单位面积价值/[万元/(hm²·a)]	排序	名称	单位面积价值/[万元/(hm²·a)]
19	云岭	10.51	47	十八连山	7.24
20	碧塔海	10.49	48	沾益海峰	6.93
21	玉龙雪山	10.39	49	驾车	6.83
22	威远江	10.35	50	青华绿孔雀	6.69
23	糯扎渡	10.35	51	雕翎山	6.59
24	小黑山	10.23	52	普渡河	6.47
25	临沧澜沧江	10.23	53	普者黑	6.45
26	哈巴雪山	10.06	54	剑湖湿地	6.18
27	南捧河	9.86	55	珠江源	6.05
28	驮娘江	9.51	56	海子坪	5.98

三、不同森林生态系统类型价值量

(一)不同森林类型

自然保护区中竹林生态服务功能价值为 19.87 亿元/a，混交林生态服务功能价值为 616.71 亿元/a，纯林生态服务功能价值为 1372.44 亿元/a。纯林生态服务功能价值是竹林和混交林总和的 2.16 倍。竹林单位面积价值为 10.22 万元/(hm²·a)，混交林单位面积价值为 13.08 万元/(hm²·a)，纯林单位面积价值为 12.03 万元/(hm²·a)。混交林单位面积价值高于竹林和纯林。混交林在涵养水源功能方面远大纯林和竹林，并且其生物多样性丰富，因而其单位面积价值较高。

(二)不同优势树种类型

优势树种大多为一种森林生态系统的建群种，并以优势树种为基础形成不同的生态系统物种结构，其物质循环和能量流动的特点也不同。不同优势树种森林生态服务功能年总价值和年单位面积价值评估结果分别见表 6-5。总价值为 0.66～569.45 亿元/a，单位面积价值为 7.75～14.95 万元/(hm²·a)。

从表 6-5 可以看出，栎类和其他阔叶林生态服务功能总价值最大，其次为云南松类和冷杉林，这是由于这些林分类型的森林面积较大。从生态服务功能单位面积价值来看，硬阔和其他阔叶较靠前，其主要原因是这些林分类型净生产力、生物多样性指数都处于较高水平，并且其具有很好的保水保土功能，因而其单位面积价值呈较高水平；冷杉、云杉类能排在前面，主要是其集中分布于白马雪山等生物多样性丰富的地区，并且其在高山地区具极高的生长力，能很好地保水固土；桉类、华山松和云南松类林分，由于其林下资源较为单一，生物多样性较低，并且保水固土能力较差，其单位面积价值呈现出较低水平。

表 6-5　不同优势树种生态服务功能价值与单位面积价值比较(郭辉军, 2011, 2012; 华朝朗等, 2013)

优势树种	总价值/(亿元/a)	排序	单位面积价值/ [万元/(hm²·a)]	排序
栎类	585.70	1	12.38	6
其他阔叶林	569.45	2	13.15	4
冷杉	264.08	3	14.19	2
云南松类	248.53	4	9.49	15
云杉类	152.25	5	14.13	3
硬阔叶林	45.83	6	14.95	1
华山松	35.57	7	8.72	16
竹类	19.87	8	10.22	13
栲木	24.60	9	10.15	14
栲类	14.92	10	12.70	5
软阔叶林	11.40	11	11.50	9
木荷	9.96	12	11.56	8
落叶松	8.74	13	11.65	7
杉木类	8.67	14	10.47	12
桦类	6.57	15	11.36	10
柏类	2.22	16	10.58	11
桉类	0.66	17	7.75	17

(三) 不同植被类型

不同植被类型森林生态服务功能价值为 0.01～397.77 亿元/a(表 6-6),单位面积价值为 6.47～15.09 万元/(hm²·a)。

从表 6-6 可以看出,全省中山湿性常绿阔叶林、季风常绿阔叶林、寒温性针叶林 3 种植被类型的生态服务功能价值最高,分别达到 397.77 亿元/a、372.22 亿元/a、300.17 亿元/a,三者之和占总价值的一半以上。从单位面积价值量来看,不同植被类型的单位面积价值差别达到 2.5 倍,以热带雨林单位面积价值最高,温性针叶林次之,单位面积价值均在 13.8 万元/(hm²·a) 以上。热带雨林主要分布于西双版纳自然保护区,该区域降雨量大,保土成效显著,林下资源、物种多样性丰富,林木生长旺盛,净生长量高,因此其单位面积价值量最高。温性针叶林主要分布于白马雪山自然保护区,保存较为完整和原始,对于高山地区具有很大的保水保土价值,加之有滇金丝猴等明星物种,因此其单位面积价值较高。竹林、人工林等植被,其物种较为单一,在保水保土功能和生物多样性保护等方面价值都较低,因此其单位面积价值较低。

表6-6   不同植被类型森林生态服务功能价值与单位面积价值比较(郭辉军,2011,2012;华朝朗等,2013)

植被型	植被亚型	价值/(亿元/a)	单位面积价值/[万元/(hm²·a)]
雨林	湿润雨林	3.76	15.09
	季节雨林	97.20	14.47
	山地雨林	116.08	14.44
季雨林	半常绿季雨林	4.72	10.63
	落叶季雨林	4.05	12.10
	石山季雨林	22.34	12.85
常绿阔叶林	季风常绿阔叶林	372.22	12.20
	半湿润常绿阔叶林	46.57	10.92
	中山湿性常绿阔叶林	397.77	13.11
	山地苔藓常绿阔叶林	86.51	12.37
	山顶苔藓矮林	19.87	14.47
硬叶常绿阔叶林	寒温山地硬叶常绿阔叶林	57.11	11.81
	干热河谷硬叶常绿阔叶林	0.01	6.47
落叶阔叶林	落叶栎林	1.17	9.23
	桤木林	24.64	10.26
	杨、桦林	9.12	11.74
	枫杨林	0.34	12.72
暖性针叶林	暖温性针叶林	173.61	8.95
	暖热性针叶林	25.73	10.41
温性针叶林	温凉性针叶林	164.73	13.85
	寒温性针叶林	300.17	13.90
竹林	热性竹林	10.16	9.13
	暖性竹林	0.81	9.59
	寒温性竹林	7.23	13.33
人工林	人工乔木阔叶林	5.60	9.08
	人工乔木针叶林	55.82	9.16
	人工竹林	1.67	8.12

四、不同森林起源、龄组、郁闭度价值量

(一)不同森林起源

自然保护区中人工林生态服务功能价值为42.89亿元/a,飞播林生态服务功能价值为20.23亿元/a,天然林生态服务功能价值为1945.90亿元/a,天然林生态服务功能价值是人

工林和飞播林总和的 30.83 倍。人工林单位面积价值为 8.70 万元/(hm²·a)，飞播林单位面积价值为 10.18 万元/(hm²·a)，天然林单位面积价值为 12.45 万元/(hm²·a)，天然林单位面积价值远高于人工林和飞播林。在自然保护区，绝大部分森林是天然林，其生态系统结构复杂，蕴藏着极为丰富的动植物物种，并且具有极大的保水固土功能，因而其单位面积价值较高。

(二)不同龄组

各龄组的生态服务功能总价值为 19.87～504.99 亿元/a。其中幼龄林生态服务功能价值为 207.76 亿元/a，占 10.34%；中龄林生态服务功能价值为 504.99 亿元/a，占 25.14%；近熟林生态服务功能价值为 477.1 亿元/a，占 23.75%；成熟林生态服务功能价值为 488.98 亿元/a，占 24.34%；过熟林生态服务功能价值为 310.30 亿元/a，占 15.45%；竹林生态服务功能价值为 19.87 亿元/a，占 0.99%。不同龄组生态服务功能价值量从大到小的排序为中龄林>成熟林>近熟林>过熟林>幼龄林>竹林。

单位面积价值量为 9.70～13.65 万元/(hm²·a)(表 6-7)。不同龄组生态服务功能单位面积价值量从大到小的排序为过熟林>成熟林>近熟林>中龄林>竹林>幼龄林。竹林单位面积价值位于幼龄林和中龄林之间。结果表明，随着森林林龄的增长，单位面积生态服务功能价值呈增长趋势。

(三)不同郁闭度

根据森林不同的郁闭度，将自然保护区分为疏、中、密三个级别。疏林的郁闭度为 0.20～0.39，中林的郁闭度为 0.40～0.69，密林的郁闭度为 0.69 以上。评估结果表明，疏林生态服务功能价值量为 69.04 亿元/a，单位面积价值为 9.55 万元/(hm²·a)；中林价值量为 948.84 亿元/a，单位面积价值为 11.42 万元/(hm²·a)；密林价值量为 991.14 亿元/a，单位面积价值为 13.59 万元/(hm²·a)。这充分说明，森林随着郁闭度的提升，其生态服务功能价值呈增长趋势。

表 6-7　不同龄组森林生态服务功能价值与单位面积价值比较(郭辉军，2011，2012；华朝朗等，2013)

龄组	价值/(亿元/a)	比例/%	单位面积价值/[万元/(hm²·a)]
合计	2009.02	100	12.31
幼龄林	207.76	10.34	9.70
中龄林	504.99	25.14	11.23
近熟林	477.14	23.75	13.16
成熟林	488.96	24.34	13.64
过熟林	310.30	15.45	13.65
竹林	19.87	0.99	10.22

第五节　生态服务功能价值评估的政策意义

（1）云南省自然保护区 2010 年提供的森林生态服务价值达 2009.02 亿元，相当于云南省 2010 年地区生产总值（GDP）的 27.8%。根据《中国森林生态服务功能评估》报告（中国森林生态服务功能评估项目组，2010），云南省自然保护区以全省 5.7% 的国土面积，提供了全省 19.6% 的森林生态服务价值；自然保护区每年每公顷森林生态服务价值达 12.31 万元，为全国平均值 4.26 万元的 2.9 倍，为全省平均值 5.06 万元的 2.4 倍。由此可见，一方面，我省自然保护区几十年保护和建设取得了显著成效；另一方面，自然保护区生态服务功能突出，是典型的生态产品生产区和生态效益外溢区。尽管目前限于技术原因，难以将生态服务功能的自然增值部分和人为增值部分区别开来，但是这一评估结果，对于进一步建立全省生态补偿标准、完善全省自然保护区生态补偿机制，提供了重要的科学决策依据。

（2）自然保护区每年的生物多样性保护价值达 755.07 亿元，占总价值量的 37.58%，在 6 项评估指标类中位居第一，体现了自然保护区在保护典型生态系统、珍稀濒危特有物种的显著成效和突出贡献，奠定了云南省"动物王国""植物王国"的牢固基础。尽管目前仍有很多物种未能被发现，但自然保护区内保存的大量野生动植物及其基因资源，为林产业、农业、畜牧业及生物产业发展，提供了重要的遗传资源和物种资源。

（3）自然保护区森林具极强的涵养水源和保育土壤功能，每年两类生态服务价值分别为 538.75 亿元、493.79 亿元，占总价值的 26.82% 和 24.58%。保护区森林每年涵养水源量为 $56.53 \times 10^8 m^3$，其相当于 565 个中型水库（库容量为 $0.1 \times 10^8 m^3$），相当于 26 个昆明松花坝水库（库容量为 $2.19 \times 10^8 m^3$），每年可减少水库相关维护费用 34.31 亿元；保护区森林每年固土 $19672.18 \times 10^4 t$，减少土壤中 N、P、K 损失 $368.02 \times 10^4 t$，略高于云南省 2010 年化肥总产量（折纯量），相当于全国 2010 年化肥总产量（折纯量）的 5.5%。这充分反映了保护区森林在保水、保土、提高土壤肥力等方面极其重要的作用，农业生产、水利建设和水电产业是最大的受益者。自然保护区涵养水源和净化水质的突出功能，在水权交易的基础上，可以实施一对一的市场机制生态补偿。

（4）自然保护区森林生态服务价值反映出天然林高于人工林、混交林高于纯林、近成过熟林高于中幼林、密林高于疏林、陡坡高于缓坡、上坡位高于下坡位等规律，单位面积价值较高的区域主要集中在滇西、滇南地区，呈现出西部高，自西北到西南、自西向东逐步降低的空间分布格局。为进一步提高森林生态服务功能，应加大原始森林的保护力度，减少人为干扰，采取相应措施，促进人工林、纯林向天然林、混交林转变，提高生态系统稳定性。

（5）自然保护区内，不同森林类型、植被类型、优势树种类型，不同起源、不同龄组、不同郁闭度，其生态服务功能及其价值也不同，这为我们提升森林生态系统服务功能，更好地发挥其生态安全屏障作用指出了方向。一是要严格保护生态服务功能高的原始森林和地带性植被；二是并非一种森林类型在各方面的生态功能都高于其他类型。例如，阔叶林在涵养水源、固碳释氧、积累营养物质方面的功能高于针叶林，但是在净化大气环境方面，针叶林高于阔叶林。因此，在进行提升生态服务功能时，要根据目标选择树种。

(6)为探索生态文明评价标准，目前我国学者已有提出多种体系，其中较有影响的有两种。一是杨开忠(2011)基于生态足迹的生态文明评价体系，自2009年以来，每年发布一次；二是严耕等(2010，2011，2012，2013)基于生态建设与环境污染的生态文明建设评价体系，自2010年以来，每年发布一次。前者仅仅考虑生态足迹，没有考虑生态建设，引起生态环境良好省份的质疑；后者把各种社会指标、经济指标和生态指标都考虑在内，没有突出生态问题，加上主观权重分，并未引起重视。因而两种评价体系都仅仅是学术探讨的对象，没有成为政府决策的科学依据。我们认为，生态文明要从两个方面来看，一方面是物质和能源消费挤占生态空间，可以通过生态足迹来衡量，另一方面，通过生态建设提高生态容量，扩大生态空间，可以通过生态承载力来衡量。二者之差即为生态盈亏，应当是衡量一个区域生态文明程度的最好指标(相关方法见第八章)。生态服务功能不仅反映了一个区域的生态建设成效，而且反映了一个区域的生态容量和生态承载力，生态服务功能的监测和评估，为生态效益评价提供了主体性的标准，也为政府生态补偿转移支付、市场补偿的标准及其动态调节提供了科学依据。此外，一个区域生态服务功能越高，水体、空气的容量越大，稀释环境污染的能力越强，区域内可以容纳的企业、人口越多，因此，生态服务功能评估还为一个区域发展产业提供了生态容量的决策依据。

第七章 云南省自然保护区机会成本核算

生态服务功能价值评估的成果，为确定生态补偿标准提供了重要参考，但由于生态服务功能价值大大超过各地财政收入和享受生态服务成果者的经济收入水平，加上计算通过人类建设和保护实现生态服务价值增值部分极为困难，从而使将生态服务价值作为生态补偿的标准陷入现实困境。而生态服务的公益性和公共性特点，难以在市场上充分实现其价格和货币化，更增加了生态服务提供者和受益者之间的博弈。因此，不得不从其他角度来探索生态补偿标准的确定依据。机会成本作为传统经济学理论和实践的一个重要手段，在生态补偿标准确立方面是极为重要的一个不可替代的现实选择。

机会成本是"为得到某种东西必须放弃的另一种东西"，在生态补偿中就是生态系统服务功能的提供者为保护生态系统所放弃的利用生态系统的机会等。我国实施的退耕还林工程，是运用农民放弃种植粮食作物的机会成本核算实施生态补偿标准的最典型和最成功的政策。因为保护区林地只能用于造林，农民放弃的不是种植粮食作物，故这种方法无法用于保护区。李晓光等(2009)以海南省中部山区为例，应用机会成本法计算出生态公益林中集体土地可利用土地的机会成本和生态公益林管护过程中对现有橡胶林和槟榔地造成的损失，这是应用机会成本确定生态补偿标准的典型案例。但他忽略了土地也可以用来植树造林砍伐木材获取经济收入，这也是一种机会成本。目前，这方面仅有个别理论描述，尚无系统研究和示范的实践案例，有待进一步的探索和完善。

云南省的自然保护区全部被划为生态公益林，包括国有和集体林，而保护区内还有耕地、居民建筑等非林业用地，这些在保护区建立及划定时就已经明确，可以不受限制地根据自己的意愿进行生产经营活动。根据《土地法》，我国土地实行用途管制，即林业用地只能用于保护原有森林和人工植树造林(包括用材林和经济林)，自然保护区内林业用地上的人工林不能采伐。因此，自然保护区村民的机会成本主要是因划入保护区的集体林，为保护生态而不能采伐木材的收入。

第一节 机会成本的计算方法

机会成本是确立生态补偿的基础，是利益相关者谈判的依据。有专家提出，保护自然生态系统的机会成本包括：①自然生态系统人工恢复的工程成本；②自然生态系统保护的人工成本；③当地居民因自然保护而不能利用同一块土地进行生产活动的成本；④当地政府放弃的税收(财政收入)。计算公式如下：

自然保护区机会成本=生态恢复成本 C_1+生态保护成本 C_2+居民失地成本 C_3+政府税收 C_4

生态恢复成本 C_1 计算难度较大，而且因林业技术水平和不同的自然条件，以及达到的顶级群落而不同。生态保护成本 C_2 的计算：1 个人管护的面积乘以自然保护区面积再乘以当前人均月工资。居民生存发展成本 C_3 可以用不同级别自然保护区与该级别区域内的农民人均纯收入来计算。例如：省级自然保护区周边居民的机会成本等于全省农民人均纯收入。国家级自然保护区周边居民的机会成本等于全国农民人均纯收入。政府税收 C_4，用同级别自然保护区人均财政收入来计算。

实际上，生态恢复成本和生态保护成本核算意义不大，而且四个方面因补偿对象不同也不能简单相加，因此笔者主张计算居民失地成本和地方政府税收损失两个方面即可，并分别补偿当地农民和县级政府。

第二节　居民失地机会成本

由于我国人多地少和林农混居的特点，为保证生态系统和物种自然分布的完整性、连续性，原来生活在当地的村民及其使用和拥有的土地、物种、生态系统和生态景观被大量划入自然保护区，导致目前我国自然保护区内仍然生活着大量村民，从而使生态保护与经济发展产生矛盾，在社会和基层地方政府表现得更加突出。为解决自然保护区与当地村民和基层政府的矛盾，各地有多种实践探索。20 世纪 90 年代《自然保护区条例》颁布前建立的保护区大多是国有林地，区内居民较少，大多采取移民方式，到 2004 年，新建立的保护区划入的集体林和居民较多，当地政府大多采取生产补助、扶贫开发项目支持等方式，2004 年启动国家级公益林生态补偿以来，划入国家级自然保护区的集体林地按照每年每亩 10 元的标准，直接补助给农户，国有林按照每年每亩 5 元的标准，补助给当地国有林地管理机构，但是保护区与村民的矛盾并未得到缓解。随着 2009 年集体林权制度主体改革完成，集体管理的林地全部确权到户，补偿标准过低的问题更加凸显出来。如何解决这一矛盾？目前大致有三种决策：一是提高生态补偿标准，完善补偿机制；二是调整保护区范围，将集体林地、土地和村庄划出保护区；三是实施生态移民，将保护区内居民迁出保护区，另行安置和分配土地。在目前的社会经济状况下，采取第一种方式，进一步建立完善生态补偿机制，成为当前十分紧迫的生态和社会问题。如果国家和地方财力允许，而且有合适的安置地点，采取第三种办法将一劳永逸。

一、自然保护区内集体林和人口现状

2004 年、2006 年和 2012 年，云南省林业厅先后组织开展了 3 次云南省自然保护区内集体林调查工作，分别为国家级生态公益林补偿、集体林权制度改革和保护区管理体制改革提供了决策依据。在申报建立国家级和省级自然保护区时，保护区范围、总面积、功能区面积、土地和林地权属是申报时的必备基础数据，国务院和省政府批准后，这些数据就成为法定数据。但是，由于很多保护区申报时未进行集体林权制度改革，或者为达到国有林占主体的评审要求，申报数据与实际数据是有差别的。因此，自然保护区的林权数据有申报数据、林改数据和公益林补偿数据 3 套。根据笔者 2012 年的调查结果，全省各级各类自然保护区内集体林地面积达 75.42×10⁴hm²，人口达 68.79 万人。其中，核心区内的集体林达 21.94×10⁴hm²，居住人口达 20.25 万人；缓冲区内集体林达 13.94×10⁴hm²，居住人口达 16.71 万人；实验区内集体林达 39.54×10⁴hm²，居住人口达 31.83 万人（表 7-1）。

表 7-1   2012 年云南省自然保护区内集体林面积和居住人口情况

保护区级别	集体林面积/hm²				区内人口/人			
	核心区	缓冲区	实验区	合计	核心区	缓冲区	实验区	合计
国家级	69 770.44	34 735.40	69 481.13	173 986.97	13 272	40 007	66 613	119 892
省级	50 456.88	33 064.30	207 267.72	306 188.90	31 374	50 998	133 643	216 015
州市级	90 506.00	62 800.00	106 096.00	262 136.00	87 770	75 206	113 672	276 648
县级	8687.20	8 839.84	12 534.51	40 285.55	70 122	903	4 386	75 411
合计	219 420.52	139 439.54	395 379.36	754 239.42	202 538	167 114	318 314	687 966

自然保护区内的集体林，当地村民有集体所有权，但没有资源使用权，对当地村民的生产、生活和发展带来了较大影响，特别是划为核心区和缓冲区的集体林，禁止任何生产活动，而实验区并未对当地村民的采集活动禁止，也未禁止旅游等活动，相对影响和限制较小。

二、自然保护区林地林木价值

尽管森林生态系统具有多种生态功能，但是普通公众认为森林的主要用途是砍伐木材，用于制造家具、建造房屋。根据《土地法》和《森林法》，树木砍伐后的林地只能用于恢复造林，可以种植用材树种，也可以种植经济林木。因此，保护区内林地的主要机会成本被认定为因保护森林生态系统而损失的木材价值或者经济林木价值。由于各地气候土壤等自然条件不同，适宜种植的经济林木树种不同，难以核算其价值，而木材的价格除特殊珍贵木材外，松木和杂木的价格在各地基本一致，因此，采用木材价值作为最低机会成本较为合适。

全省二类资源调查已有 56 个保护区的森林木材蓄积（表 7-2），按照 2010 年木材价格，通过简单计算，全省省级以上自然保护区木材总价值为 735.13 亿元，单位面积平均木材价值为 4.56 万元/hm²。其中，混交林木材总价值为 218.07 亿元，混交林单位面积平均价值为 4.62 万元/hm²；纯林木材总价值为 517.07 亿元，纯林单位面积平均价值为 4.53 万元/hm²。相比之下，生态服务功能价值比木材价值大得多，单位面积平均值是其 2.71 倍，其中，纯林是其 2.34 倍，混交林是其 2.83 倍。不同保护区，所处气候土壤条件、森林质量不同，单位面积木材蓄积不同，单位面积价值不同，再加上保护区面积大小不同，木材总价值也不同。

表 7-2 云南省省级以上自然保护区森林木材价值

序号	保护区名称	纯林与混交林合计		纯林		混交林		生态服务功能价值与木材价值比		
		单位价值/(万元/hm²)	价值/(亿元)	单位价值/(万元/hm²)	价值/亿元	单位价值/(万元/hm²)	价值/亿元	合计	纯林	混交林
1	西双版纳	3.64	80.62	3.12	35.06	4.19	45.56	3.97	4.63	3.47
2	南滚河	3.75	17.44	3.56	6.62	3.87	10.82	3.40	3.53	3.31
3	高黎贡山	7.90	217.93	7.94	143.72	7.82	74.21	1.95	1.94	1.98
4	白马雪山	8.93	166.06	9.23	150.13	6.81	15.93	1.56	1.50	2.07
5	哀牢山	3.40	20.61	3.44	14.77	3.32	5.84	3.74	3.69	3.84
6	文山	2.29	4.33	2.26	3.11	2.38	1.22	5.11	5.16	4.98
7	黄连山	3.88	19.05	2.58	5.36	4.83	13.69	2.85	4.16	2.34
8	大围山	3.54	10.22	2.84	6.01	5.48	4.21	3.51	4.33	2.33
9	分水岭	2.70	11.08	2.70	11.06	1.75	0.02	5.00	4.99	6.97
10	无量山	2.97	8.67	3.08	6.36	2.71	2.31	4.35	4.17	4.86
11	大山包	0.33	0.12	0.32	0.12	0.75	0.00	26.74	26.80	9.90
12	药山	1.77	0.50	1.97	0.42	1.16	0.08	5.34	4.90	7.65
13	大雪山	4.32	6.09	4.18	5.35	5.74	0.74	2.79	2.87	2.15
14	会泽黑颈鹤	1.95	0.98	1.94	0.93	2.19	0.05	4.54	4.56	4.00
15	苍山洱海	1.93	5.89	1.96	5.49	1.62	0.41	4.44	4.36	5.50
16	纳板河	2.91	4.78	3.17	2.55	2.66	2.23	4.07	3.89	4.28
17	元江	1.49	2.21	1.44	1.78	1.74	0.44	6.06	6.29	5.16
18	紫溪山	2.82	4.16	2.71	3.56	3.76	0.60	2.73	2.83	2.10
19	古林箐	1.97	1.15	1.97	1.09	2.00	0.06	6.27	6.29	5.77
20	威远江	8.73	6.60	8.80	6.51	5.46	0.08	1.19	1.18	1.85
21	云龙天池	5.79	3.63	5.85	3.59	3.03	0.04	1.86	1.84	3.49
22	玉龙雪山	6.47	7.53	6.88	6.30	4.94	1.23	1.61	1.50	2.14
23	哈巴雪山	5.95	6.97	5.98	6.10	5.72	0.87	1.69	1.68	1.76
24	碧塔海	8.27	8.08	8.24	7.44	8.56	0.64	1.27	1.27	1.22
25	驾车	1.65	0.65	1.64	0.60	1.83	0.05	4.13	4.16	3.81
26	海子坪	1.07	0.10	1.20	0.09	0.32	0.00	6.02	5.54	16.79
27	纳帕海	2.97	0.00	2.97	0.00			2.59	2.59	
28	三江口	5.02	0.33	2.45	0.01	5.14	0.33	1.81	3.70	1.76
29	雕翎山	2.28	0.14	1.85	0.06	2.85	0.07	2.90	3.50	2.37
30	普渡河	0.91	0.00	0.91	0.00			10.27	10.27	
31	铜壁关	3.05	23.23	2.62	10.67	3.55	12.56	4.30	4.86	3.83
32	菜阳河	3.84	2.68	7.83	0.20	3.69	2.48	3.08	1.50	3.21
33	泸沽湖	2.49	1.14	2.25	0.66	2.91	0.48	3.64	4.05	3.08
34	老君山	2.52	1.08	2.51	1.04	2.66	0.04	4.49	4.51	3.91

续表

序号	保护区名称	纯林与混交林合计		纯林		混交林		生态服务功能价值与木材价值比		
		单位价值/(万元/hm²)	价值/(亿元)	单位价值/(万元/hm²)	价值/亿元	单位价值/(万元/hm²)	价值/亿元	合计	纯林	混交林
35	十八连山	0.98	0.11	2.10	0.09	0.28	0.02	7.40	3.70	24.32
36	孟连竜山	4.80	0.03			4.80	0.03	2.53		2.53
37	观音山	4.65	6.72	4.68	6.13	4.36	0.59	2.40	2.39	2.55
38	金光寺	2.13	1.80	2.14	1.48	2.06	0.32	4.13	4.10	4.29
39	青华绿孔雀	1.80	0.10	1.80	0.10			3.72	3.72	
40	轿子山	2.45	0.92	2.07	0.72	6.78	0.20	3.46	4.06	1.35
41	阿姆山	2.28	2.62	2.18	1.73	2.49	0.89	4.12	4.27	3.83
42	小黑山	2.41	1.33	2.44	1.28	1.88	0.05	4.25	4.20	5.36
43	腾冲北海	2.14	0.12	2.17	0.11	1.89	0.01	4.28	4.23	4.72
44	糯扎渡	2.47	4.02	2.55	2.62	2.33	1.40	4.23	4.06	4.54
45	拉市海	1.90	0.55	1.90	0.55	2.12	0.01	4.61	4.61	4.62
46	朝天马	2.58	1.41	2.65	1.10	2.33	0.31	3.18	3.11	3.45
47	珠江源	1.32	9.68	1.32	8.53	1.33	1.15	4.59	4.59	4.59
48	临沧澜沧江	2.41	30.10	2.35	20.69	2.55	9.40	4.25	4.31	4.13
49	南捧河	1.50	4.70	1.47	3.70	1.63	1.01	6.57	6.70	6.11
50	剑川剑湖	1.12	0.19	1.12	0.19			5.53	5.53	
51	西歧桫椤	0.42	0.09	0.42	0.09			18.21	18.21	
52	沾益海峰	1.10	1.91	1.08	1.67	1.19	0.23	6.32	6.39	5.82
53	驮娘江	1.01	1.21	1.01	1.17	1.00	0.05	9.37	9.36	9.67
54	普者黑	2.06	0.40	2.21	0.33	1.52	0.06	3.15	2.93	4.30
55	兰坪云岭	3.85	21.34	3.69	16.40	4.46	4.94	2.73	2.85	2.35
56	麻栗坡老山	1.54	1.71	1.53	1.61	1.59	0.10	6.08	6.09	5.81
	合计	4.56	735.13	4.53	517.07	4.62	218.07	2.71	2.34	2.83

三、自然保护区集体林的机会成本

全省各级各类自然保护区内集体林地面积达 $81.42 \times 10^4 hm^2$，其中，核心区内的集体林达 $21.94 \times 10^4 hm^2$，缓冲区内集体林达 $13.94 \times 10^4 hm^2$，实验区内集体林达 $39.54 \times 10^4 hm^2$。按照单位面积木材价值 4.56 万元/hm²，全省集体林机会成本为 371.28 亿元。其中，核心区 100.05 亿元，缓冲区 63.57 亿元，实验区为 180.3 亿元。

第三节　地方政府税收机会成本

自然保护区对地方政府的经济发展有重要影响，特别是土地及其资源的占用，影响产业发展对地方税收的贡献。保护区占国土面积的比例越大，对地方政府经济社会发展的影响越大。同时，保护区内的三个功能区的面积大小不同，对区内村民的影响也不同。从地方政府的角度看，生态补偿要以县级政府和保护区内村民为生态补偿的主体。因此，对功能区的面积比例和保护区占行政区总面积的比例进行分析，有助于明确生态补偿的主体对象和利益相关群体。

一、自然保护区占用行政区域土地状况

在云南省 16 个州（市）中，自然保护区占其国土面积的比例不同，影响也不同。占国土面积最多的是怒江州，为 32.37%，西双版纳州（26.91%）和迪庆州（28.15%）所占面积比例均超过 20%，其余 13 个州（市）均在 7%以下。因此，自然保护区对怒江、西双版纳和迪庆 3 个州的经济发展影响较大，而对其余 13 个州市影响较小。在云南省 129 个县级区域中，国家级、省级自然保护区占全省总面积 10%以上的有 22 个县，其中占全省国土面积 20%以上的有 7 个县，分别为：沾益县（22.05%），绿春县（20.54%），河口县（20.96%），大理市（35.10%），瑞丽市（25.08%），贡山县（53.98%），德钦县（28.52%）。具体情况见文末附表 6。

二、地方政府经济发展机会成本

自然保护区占用土地主要是林业用地，即使不占用，也只能用于发展林业，种植经济林木或者用材林。2005 年我国全面取消农林特产税，林地生态产的产品不能为地方财政提供税收，地方财政税收不能作为机会成本。因此，地方发展的机会成本，仍然可以采用木材价值作为机会成本。

自然保护区内森林是各地森林蓄积最大的森林，采用全省平均单位面积蓄积和木材价值，可以计算出各地机会成本。全省 56 个国家级省级自然保护区占用全省总面积为 229.35$\times 10^4$hm^2，2010 年木材价值为 735.13 亿元，平均机会成本为 4.56 万元/hm^2。全省 16 个州（市）木材价值机会成本分别为：昆明市 7.42 亿元，曲靖市 76.13 亿元，玉溪市 16.92 亿元，保山市 40.53 亿元，昭通市 22.39 亿元，丽江市 18.54 亿元，普洱市 38.69 亿元，临沧市 113.68 亿元，楚雄州 22.14 亿元，红河州 83.73 亿元，文山州 42.78 亿元，西双版纳州 122.71 亿元，大理州 49.58 亿元，德宏州 45.94 亿元，怒江州 182.40 亿元，迪庆州 145.96 亿元。排在前 10 位的县（区）分别是：贡山县 110.92 亿元，德钦县 98.77 亿元，勐腊县 58.76 亿元，景洪市 53.08 亿元，兰坪县 34.61 亿元，绿春县 29.67 亿元，维西县 29.66 亿元，沾益县 29.26 亿元，凤庆县 22.23 亿元，临翔区 20.79 亿元。

第八章 自然保护区生态补偿标准的
确定方法及资金来源

第一节 自然保护区生态补偿标准的选择

生态补偿标准的确定一般可以参照以下四个方面的价值进行核算：生态保护者的直接投入和机会成本；生态受益者的获利；生态破坏的恢复成本；生态系统服务的价值。

（1）按生态保护者的直接投入和机会成本计算补偿标准。生态保护者为了保护生态环境，投入的人力、物力和财力应纳入补偿标准的计算之中。同时，由于生态保护者要保护生态环境，牺牲了部分的发展权，这一部分机会成本也应纳入补偿标准的计算之中。从理论上讲，直接投入与机会成本之和应该是生态补偿的最低标准。

（2）按生态受益者的获利计算补偿标准。生态受益者没有为自身所享用的产品和服务付费，使得生态保护者的保护行为没有得到应有的回报，产生了正外部性。为了使生态保护的这部分正外部性内部化，需要生态受益者向生态保护者支付这部分费用。因此，可通过产品或服务的市场交易价格和交易量来计算补偿的标准。通过市场交易来确定补偿标准简单易行，同时有利于激励生态保护者采用新的技术来降低生态保护的成本，促使生态保护的不断发展。

（3）按生态破坏的恢复成本计算补偿标准。资源开发活动会造成一定范围内的植被破坏、水土流失、水资源破坏、生物多样性减少等，直接影响到区域的水源涵养、水土保持、景观美化、气候调节、生物供养等生态服务功能，减少了社会福利。因此，按照谁破坏谁恢复的原则，需要通过环境治理与生态恢复的成本核算作为生态补偿标准的参考。

（4）按生态系统服务的价值计算补偿标准。生态服务价值评估主要是针对生态保护或者环境友好型的生产经营方式所产生的水土保持、水源涵养、气候调节、生物多样性保护、景观美化等生态服务功能价值进行综合评估与核算。就目前的实际情况而言，由于在采用的指标、价值的估算等方面尚缺乏统一的标准，且在生态系统服务功能与现实的补偿能力方面有较大差距，因此，一般按照生态服务功能计算出的补偿标准只能作为补偿的参考和理论上限值。

参照上述计算值，综合考虑国家和地区的实际情况，特别是经济发展水平和生态破坏程度，通过协商和博弈确定当前的补偿标准；最后根据生态保护和经济社会发展的阶段性特征，与时俱进，进行适当的动态调整。

对生态补偿标准没有建立相对统一的技术方法，这成为长期以来一直尚未建立全国性、地方性生态补偿法规的主要难题，也是各地基层生态补偿实践难以长期维持的原因。

因此，生态补偿标准的确定，是影响生态补偿机制建立的关键和核心技术问题。从各地实践探索来看，大多采用付费方定价的方式(即买方市场)，而不是收费方定价(即卖方市场)。无论是造成生态系统破坏的污染行为或者森林砍伐行为，这种付费方式的结果是破坏的代价太低，保护的成本太高，生态系统仍然不断遭受破坏，生态付费的市场机制无法建立，也无法实现通过生态补偿保护生态系统的目的。目前通行的方法，一是生态服务功能价值法，二是机会成本法，但是从各地的实践和学术研究看，大多是某一个保护区的个别案例，还没有形成一个行政区域整体核算结果。笔者对云南省 56 个自然保护区进行了生态服务功能价值评估和机会成本核算，这是全国第一个全省性的自然保护区生态补偿标准核算实践，为建立全省性自然保护区生态补偿标准提供科学依据，也将为风景名胜区、森林公园、生态公益林乃至主体功能区等其他类型生态保护方式提供参考。

第二节　生态服务功能价值法和机会成本法

一、生态服务功能价值法

生态服务功能，是指生态系统与生态过程所形成及所维持的人类赖以生存的自然条件和效用。生态系统通常分为森林、湿地和海洋三大类。科学、量化、客观地评估生态系统服务功能的物质量和价值量，对于正确处理经济发展与生态保护之间的关系，对于建立生态补偿标准和机制，对于完善国民经济核算体系，对于建立以生态效益评价为主的生态文明评价考核机制，具有重要的现实意义。

2008 年，国家林业局正式颁布了《森林生态系统服务功能评估规范》(LY/T 1721—2008)，并于 2009 年完成并正式发布了《中国森林生态系统服务功能评估》报告，这是我国首次颁布相关政府标准，并首次评估了全国森林生态系统服务功能，价值为每年 10.01 万亿元，相当于 2008 年全国 GDP 总量的 1/3，每公顷森林生态系统提供的年平均价值为 4.26 万元，其中云南省为 10257.22 亿元/年，居全国第二位，仅次于四川。2010 年 7 月，云南省林业厅正式启动了全省自然保护区森林生态系统服务功能评估工作，2011 年 1 月启动了全省森林生态系统服务功能评估。2011 年 12 月 22 日和 2012 年 6 月 4 日，省林业厅先后正式向社会公布了《云南省自然保护区森林生态系统服务功能价值评估报告》和《云南省森林生态系统服务功能价值评估报告》。

根据评估结果，云南省森林生态系统服务功能总价值 2010 年为 14838.91 亿元，约相当于云南省 2010 年 GDP 的 2 倍，每公顷森林提供的年平均价值达 7.41 万元[①]。纳入评估的云南省 56 个国家级和省级自然保护区，总面积 225.03×10⁴hm²，占全省自然保护区总面积的 75.34%，占全省总面积的 5.7%，评估结果显示，纳入评估的自然保护区 2010 年提供的森林生态系统服务价值达 2009.02 亿元，相当于云南省 2010 年 GDP 的 27.8%，每公顷保护区森林提供的生态服务年平均价值为 12.31 万元，为云南省平均森林生态服务价值

---

① 由于国家采用的是连续清查数据，云南省采用的是二类资源调查数据，评估结果高于 2009 年国家公布的数据。

的 2.4 倍，充分体现了保护区这一特殊区域的森林生态服务的价值和地位高于普通管理区域的森林生态系统。生态服务功能价值评估，不但为科学评估生态系统的功能价值提供了与当前国民经济核算价值体系可比较的数据，而且为生态补偿标准的建立提供了科学依据，还为经济发展与生态保护之间架起了一座沟通对话的桥梁。

评估结果显示，不同自然保护区，其森林生态系统服务功能总价值和单位面积价值不同。纳入评估的 56 个保护区中，总价值排名前 5 位的分别为：高黎贡山（4314158.11万元/年，占 56 个保护区的 21.47%）、西双版纳（3255985.83 万元/年，占 56 个保护区的16.21%）、白马雪山（2587668.67 万元/年，占 12.88%）、澜沧江（1282377.53 万元/年，占6.38%）、铜壁关（1008895.63 万元/年，占 5.02%）。单位面积价值排前 5 名的分别是：高黎贡山［15.38 万元/（hm^2·a）］、西双版纳［14.38 万元/（hm^2·a）］、白马雪山［13.9 万元/（hm^2·a）］、分水岭［13.46 万元/（hm^2·a）］、铜壁关［13.08 万元/（hm^2·a）］。

生态服务功能价值评估，为建立生态补偿标准提供了一个科学的参照标准和启示。一是从当前国家和省实施的生态公益林补偿标准来看，每年每亩 10 元的补偿，远远低于全省森林生态系统服务功能平均价值的 4900 元/（年·亩），更低于全省自然保护区平均价值的8200 元/（年·亩）。二是这些价值是 2010 年的价值，随着森林生态系统自然增长或遭受自然灾害或人为破坏，其价值也会增加或减少。三是不同自然保护区，生态服务功能总价值和单位面积价值不同，补偿标准应有不同（郭辉军等，2013a）。

二、机会成本法

机会成本是"为得到某种东西必须放弃的另一种东西"（曼昆，2001），在生态补偿中就是生态系统服务功能的提供者，为保护生态系统所放弃的利用生态系统的机会等。李晓光等（2009）以海南省中部山区为例，应用机会成本法计算出生态公益林中集体土地可利用土地的机会成本和生态公益林管护过程中对现有橡胶林和槟榔地造成的损失，这是应用机会成本确定生态补偿标准的典型案例。但他忽略了土地也可以用来植树造林、砍伐木材，从而获取经济收入，这也是一种机会成本。

云南省的自然保护区全部被划为生态公益林，包括国有和集体林，而保护区内还有耕地、居民建筑等非林业用地，这些在保护区建立及划定时就已经明确，可以不受限制地根据自己的意愿进行生产经营活动。根据《土地法》，我国土地实行用途管制，即林业用地只能用于保护原有森林和人工植树造林（包括用材林和经济林），自然保护区内林业用地上的人工林不能采伐。因此，自然保护区村民的机会成本主要是因划入保护区的集体林，为保护生态而不能采伐木材的收入。

根据 2005—2008 年完成的全省二类森林资源调查成果，56 个国家级、省级自然保护区林地面积 198.75×10^{4}hm^2，占保护区总面积的 88.32%，其中有林地面积 166.43×10^{4}hm^2，占林地面积的 83.86%，林分（乔木纯林、混交林）面积 161.25×10^{4}hm^2，活林木总蓄积27089.77×10^{4}m^3，单位面积蓄积量 168m^3/hm^2。不同保护区所处的地理位置不同，自然条件不同，森林类型不同，森林蓄积不同，其采伐木材的价格和价值也不同，依此笔者计算出木材产出总价值和单位面积价值，这就是集体林地的机会成本。计算结果显示，全省 56

个国家级、省级自然保护区林木总价值为 735.13 亿元，单位面积林木价值为 4.56 万元/hm²，林木总价值排在前 5 位的分别是：高黎贡山(217.93 亿元)、白马雪山(166.06 亿元)、西双版纳(80.62 亿元)、铜壁关(23.23 亿元)和哀牢山(20.61 亿元)。单位面积林木价值排在前 5 位的分别是：白马雪山(8.93 万元/hm²)、威远江(8.73 万元/hm²)、碧塔海(8.27 万元/hm²)、高黎贡山(7.9 万元/hm²)和玉龙雪山(6.47 万元/hm²)。

乔木纯林 2010 年的单位面积全省平均价值为 3020 元/亩，按照自然成熟 40 年计算，乔木纯林的全省平均机会成本为 75.5 元/(年·亩)。阔叶混交林 2010 年的单位面积全省平均价值为 3080 元/亩，按照自然成熟 100 年计算，阔叶混交林的全省平均机会成本为 30.8 元/(年·亩)。这是当地森林保护的最大机会成本，也是生态补偿的最低标准。

笔者认为，用放弃木材采伐收入来保护森林作为机会成本较为妥当，因为根据我国现行法规，林业用地只能用于造林，不能用作种植粮食或放牧，农民放弃的仅仅是将生态林用于商品林的机会。当然，也可以种植经济林木，如核桃等(郭辉军等，2013a)。

第三节　生态补偿的资金来源

通过生态服务功能价值评估和机会成本核算，我们基本解决了生态补偿的最高标准和最低标准的技术问题，但是，生态补偿费用资金从哪里来，如何收取，目前我国实施的生态公益林补偿和中央生态转移支付费用从哪里来的，这些问题缴费方和收费方都不知道。没有资金来源，生态补偿就不可能实现，因此，生态补偿的资金来源，成为建立生态补偿机制的核心和关键问题。从目前我国已经实施的天然林保护、退耕还林、生态公益林补偿和中央财政国家重点生态功能区转移支付四大工程来看，都是中央财政，但并没有说明这些资金从何而来，因此，人们普遍认为补偿标准过低，更无法预测今后政策是否还能长期执行。实际上，政府有关部门和很多专家学者早已关注补偿资金来源问题，并提出了相关政策建议。总体来看，无论是政策还是理论研究，目前仍未解决这一问题。

从政策角度看，目前我国主要采取以资源税为主的税收政策和以矿产资源补偿费、排污收费为主的收费措施筹集资金，但是这些都是破坏者付费，而非受益者付费。一是 1984 年开征的资源税，是同生态环境税最为密切的一个税种，1994 年税制政策改革后，成为地方税种，实行"普遍征收、极差调节"的新资源税，与现行的对矿产品征收的矿产资源补偿费性质开始趋同，计税依据是销售量或自用量，而不是开采量，客观上鼓励了企业对资源的滥采滥用，造成对资源的浪费(邢丽，2005)。二是 1984 年开征、2003 年修订的《排污费征收标准管理办法》，按照排污者排放污染物的种类、数量以及污染当量计征。三是依据 1990 年国务院颁布的《关于进一步加强环境保护工作的决定》，1992 年在中办〔1992〕7 号文件中，明确提出"运用经济手段保护环境，按照自愿有偿使用的原则，要逐步开征自愿的利用补偿费"。1994 年发布的《关于确定国家环保局生态环境补偿费试点的通知》，在 14 个省的 18 个市、县(区)开展了有组织的征收生态环境补偿费的试点工作，由于概念不够明确，征收标准依据不足，征收方式不规范，被企业认为是一种"乱收费"，2002 年在全国清理整顿乱收费时，被国务院取消(任勇等，2008)。综上可见，为解决生态补偿费的资金来源，国家有关部门曾经做出了各方面的艰苦努力，仍然停留在破坏者付费，最终仍未建立"受益者付费"机制，生态补偿的整体性政策法规仍然无法建立。从实践角度看，广东省的水电费征收补偿，浙江金华江流域的水权交易，云南文山老君山保护区的水电费征收补偿等，都是解决生态补偿资金来源的成功案例，但是，享受到洁净空气、保持水土减少洪灾等益处的同时并未上交费用，"搭便车"的生态服务受益极为普遍。

综上所述，一是享受生态服务的间接受益者应当付费，要建立"受益者付费"机制；二是完善的生态补偿机制，必须充分运用政府、市场、社会三种资源，建立税收、付费和捐助三种资金来源；三是要进行生态服务功能的性质区分，将其划分为纯公共产品和准公共产品。纯公共产品同时具有消费的非排他性和非竞争性，如净化空气、固碳释氧、积累营养物质等，属于典型的纯公共产品，受益者是全体公民，应由其代表政府购买，政府以税收的方式收取。而水源涵养、水土保持和洪水调节以及森林游憩功能属于准公共产品，介于纯公共产品和私人物品之间，可以由政府购买或市场交易，通过生态服务费交易的方式实现。但是，森林生态系统提供的不仅仅是一种或两种功能，而是上述多种功能同时具备，不同的功能作用方式不同，其流动空间范围不同，受益的对象也不同，因此，只有当其实现某种功能为主体时，决定采用征税或收费。

由于自然保护区提供的生态服务受益者不但是进入自然保护区的旅游者，还有外溢到保护区外的多种功能，依靠自然保护区管理局和当地政府，无法收取外溢的生态服务付费，只能从国家层面或省级层面建立税收机制、制定相关政策才有可能实现。因此，建立政府主导的间接享受生态服务的征税机制和市场主导的直接享受生态服务的收费机制成为自然保护区乃至其他生态区域的资金筹措机制，成为必然选择。

第四节　基于生态足迹理论的生态税计算

一、生态税的理论与政策基础

(一)庇古税理论

Pigou(1932)提出，通过向污染河道的上游农民的化肥农药使用量征税，税率等于下游居民因健康受威胁而产生的损失，农业产量将达到使用化肥农药的边际收益等于边际成本这一均衡点，生产重新回到效率的边界线上。这就是著名的庇古税(Pigou Tax)。庇古税为解决损害者付费原则(PPP)提供了途径，而且得到世界各国的广泛应用，但是庇古税一直未解决受益者付费和税费标准问题。

荷兰、美国和瑞典等西方发达国家，因为未能系统地计算出整个国家的生态服务功能价值，目前也采用的"污染者付费"原则，设立各种与生态相关的税种(计金标，1997)。"污染税"是对生态环境造成损害，由破坏者支付的税费，体现的是"谁污染谁付费"的原则，付费者主要是制造垃圾、污染水体、污染空气者，以及直接破坏生态系统如砍伐森林者，我国1982年开征，2003年修订的《排污费征收使用管理条例》即属于此。我国1984

年开征，1994 年改革后的资源税，主要是矿产资源税，"资源税"是由直接利用、开采资源者支付的税费，包括森林采伐者、征占用生态用地者，目前我国征收的植被恢复费、育林基金属于这一类。但是征收标准过低，不到征占用耕地、建设用地的 1%，破坏成本太小，采伐森林、征占用林地屡禁不止。生态税应当是由享受生态服务功能的受益者付费，除非出现北方雾霾、身体受到毒害，受益者很难直接观察到所享受的生态效益，包括洁净的空气、纯净的水以及减少的灾害。

（二）生态税政策建议

尽管目前我国没有建立生态税，但是很多专家学者一直在呼吁建立生态税，并提出了种种设计方案。主要有以下三种。

一是建议恢复开征生态环境补偿费。任勇等认为，在公共财政框架下，为减轻企业负担，提高人民收入，借鉴电力、铁路、公路、煤炭等政府性基金的做法，建立生态补偿基金是不可取的，建议通过对征收对象、征收依据、征收标准等重新界定，重新设计生态环境补偿费，开征以环境污染、资源消耗等为税费的环境税(任勇等，2005)。

二是改革现有的税费制度。邢丽(2005)、曲顺兰和陆春城(2004)等认为，我国目前尚没有征收以环境保护为宗旨的税种，只是部分税种中有一些鼓励环保和资源综合利用的优惠政策。建议：一方面，改革现行的资源税费制度，将矿区使用费合并到资源税中，将开采量作为计税依据，发挥消费税在环境保护中的作用，将对环境危害较大的消费品列入征税范围；另一方面，根据"受益者付费"原则，以生态补偿税取代原有的城市维护建设费，对生态环境的使用者采取普遍征收的形式，为生态补偿筹集资金。凡缴纳增值税、营业税、消费税的企业和个人，都是生态补偿税的纳税人，并按照"三税"的 10%为最高税率。但局限于庇古税的理论基础，仍然依据污染者付费的原则提出和设计生态税，并未真正体现生态服务功能受益者付费的原则。

三是温作民(2002)提出的森林生态税。温作民(2002)比较好地回答了这个问题，一方面，他提出森林为水电、农业提供灌溉用水、风景价值，享受这些生态系统服务功能的受益人要纳税，包括水电水利部门、旅游部门；另一方面，他提出因森林生态质量不同，森林生态效益的补偿标准也应当不同。但是他未能解决生态税费的标准如何计算和确定的问题，同时将森林质量作为税率的依据不符合受益者付费原则，因为森林质量是生态服务提供者的，应当作为补偿生态服务提供者的依据。

以上各种方案都提出了方向和原则，但是都没有解决税率的科学依据，而且，到目前为止，生态税的概念尚未统一，大多与"污染税""资源税"混为一谈，这影响到相关标准、税制等的技术研究，制约了生态税机制的建立。从现有的税收政策来看，笔者认为，一方面，要继续保留按照"破坏者付费"原则建立的排污费和矿产资源费征收制度，并提高标准，提高破坏成本，减少对自然生态系统的破坏；另一方面，按照"受益者付费"的原则，要建立生态服务税费制度，提高社会对生态有偿服务的认识，减少"免费搭车"现象。生态服务税和生态服务费目的一致，征收的方法和机制不同。生态服务付费，是通过市场机制，对直接受益者收费，以生态服务价值为最高标准，以放弃木材采伐价值的机会成本为最低标准，由提供者和受益者协商，建立生态服务付费机制，政府应当立法保护生态服务提供者的权益。例如：在自然保护区开展生态旅游的企业，应当向自然保护区管理局和保护区内拥有集体林权的农民付费；利用流域内径流，建设水库、水电站的发电企业和供水企业，应当从电费和水费中提取一部分，用于补偿径流区内提供森林生态系统涵养水源、净化水质的森林生态系统资源拥有者。生态服务税，是通过政府主导机制，对享受生态服务的间接受益者征收，按照不增加税种的原则，体现受益者付费原则，在确定征税对象、税率基础上，整合调整现有税种，建立生态服务税机制。税率的计算，一种方法是按照"三税"的百分比，用生态补偿税替代城市建设维护税，这种税率随意性较大，另一种方法是根据各地各企业、个人的生态足迹计算，开征"生态税"。

二、生态足迹理论与计算方法

开征生态税(生态环境税、生态补偿税)已成为专家学者和政府有关部门的共识，生态税的计税方法有改革现有税种、整合现有税种和新开征等多种方法。新开税种将受到企业和个人的普遍反对，特别是当前我国税种多、税费高的情况下，笔者认为最好的办法是将资源税或城市建设维护税等现行税种之一改革为生态税，并对征税方法、税率等进行重新设计。无论哪种方法，都无法回避税率如何计算，征税的对象如何确定等问题。生态足迹为生态税制的建立提供了新的视野。

生态足迹(ecological footprint, EF)是指特定区域内一定人口的自然资源消费、能源消费和吸纳这些消费产生的废弃物所需要的生态生产性土地面积(包括陆地和水域)，表明人类社会发展对环境造成的生态负荷。生态足迹越大，对环境的破坏越大[①](陈成忠，2009)。传统的生态足迹计算方法分为综合法和成分法。综合法最初由 Wackernagel (1996) 提出，由上而下获取统计数据，通常用于国家层级的生态足迹计算。成分法最早由 Simmons (2000)提出，以人们的衣食住行为出发点，自下而上通过物质流分析获取主要消费品消费量及废物产生的数据，借助生态足迹了解物流带来的环境压力，适用于地方、企业、学校、家庭乃至个人的生态足迹核算。

不论是综合法还是成分法，基本计算步骤如下。

(1)生态足迹的计算：从统计部门、统计年鉴或亲自调查获取区域人口消费资料，按生物资源消费和能源消费两部分分门别类进行统计和计算，以追踪资源消费和废物吸纳。生物资源消费包括农产品、动物产品、林产品和木材、水产品等。用每类消费品总量除以该类消费品同年世界平均产量，得到提供该类消费品的生物生产性土地面积，按耕地(农产品)、林地(水果、干果、木材)、草地(肉产品)、水域(水产品)等分类汇总。能源消费

---

① 生态足迹相关概念(陈成忠，2009)：a.生态生产性土地 (bio-productive areas)，指具有生态生产能力的土地和水体。生态生产指生态系统中的生物从外界环境中吸收生命过程所必需的物质和能量，然后转化为新的物质，从而实现物质和能量的积累和转化。生态生产是自然资本产生自然收入的原因，而自然资本总是与一定的地球表面相联系。因此，生态足迹分析法用生态生产性土地的概念代表自然资本，并为各类自然资本在全球尺度上的比较提供了一个统一的度量标准，即全球公顷(ghm²)。每一全球公顷代表同等量的生物生产数量，是地球上 112 亿公顷生物生产性土地的平均生产力。根据生产力大小，地球表面的生态生产性土地可以分为耕地、草地、森林、能源用地、建设用地和水域六大类。b.生物承载力 (bio-capacity, BC)。传统的生物承载力指在不损害区域生产力的前提下，特定区域资源能养的最大人口数。生态足迹分析法将生物承载力定义为：一个地区提供给人类的生态生产性土地和水域的面积总和，又叫生态容量。c.生态赤字或生态盈余 (ecological deficit / remainder, ED/ER)。人类消费需要的自然资本的"利息"(生态足迹)与自然资本产生的"利息"(生物承载力)之差就是生态赤字或生态盈余。

通常包括煤、燃料油等，根据一定标准转化为化石能源用地，电力视为建设用地。两项均衡加总，得到人均生态足迹(EF)。

(2)生物承载力的计算：确定耕地、林地、草地、水域和建设用地的实际面积，分别乘以均衡因子，得出该区域各类生态生产性土地面积，再乘以产量因子，加总就得出该区域带有世界平均产量的总生物生产承载力。除以该区域总人口，即为人均生物承载力(BC)。

(3)生态赤字(盈余)的计算：区域人均生态赤字(ED/ER)=区域人均生物承载力(BC)-区域人均生态足迹(EF)。

当差值为正值，则为生态盈余(ER)，表明该区域人类负荷处于本地区所提供的可控生态容量之内，处于可持续状态。当差值为负值，则为生态赤字(ED)，表明该区域的人类负荷大于本地区所提供的生态容量，处于生态不可持续状态，该区域若要满足人口现有生活水平的消费需求，则需通过区域外进口资源，进一步消耗本地自然资本存量或废弃物堆积消除生态赤字。

三、生态足迹与生态服务税

(一)区域域生态足迹

陈敏等(2006)采用中国实际单产法计算和分析了 2002 年中国各省市生态足迹及其构成，得出以下结果。

从生态足迹构成上看，能源足迹所占比例最大($0.784hm^2$)，其次是耕地($0.096hm^2$)、草地($0.070hm^2$)、林地($0.070hm^2$)，最后是建筑用地($0.022hm^2$)和水域($0.003hm^2$)。

各省市生态盈亏差别较大，耕地北部、西部各省处于生态盈余状态，南部、东部各省处于生态赤字状态；草地中整体有所盈余，西藏、青海、内蒙古等西北部省份有较大的剩余，但多数省市处于赤字状态；林地足迹整体偏低，其中，经济较发达地区林地赤字较大，欠发达地区林地赤字较小；化石能源赤字最大(表 8-1)。

各省市人均生态足迹与人均 GDP、万元 GDP 关系密切，万元 GDP 生态足迹代表了经济结构及技术手段。万元 GDP 足迹较高的省份处于一种不合理的发展状态，应改变其经济增长方式，使经济的发展对资源的依赖性逐步降低，并通过改进技术水平提高其资源利用效率，提高其足迹产出率。

一个国家内，经济发展结构、方式不同，生态足迹稍高的地区可在一定程度上由生态足迹低的地区加以补偿，实现国内的协调、共生发展。

表 8-1　中国各省市生态盈亏情况(陈敏等，2006)

省(区、市)	耕地	草地	林地	化石能源用地
安徽	-0.001	-0.053	-0.005	-0.544
北京	-0.092	-0.329	-0.186	-1.778
福建	-0.051	-0.054	0.087	-0.469
甘肃	0.109	0.421	0.073	-0.734

省(区、市)	耕地	草地	林地	化石能源用地
广东	-0.053	-0.093	-0.043	-0.698
广西	0.003	-0.019	0.116	-0.251
贵州	0.023	0.009	0.088	-0.638
海南	-0.028	-0.047	0.091	-0.324
河北	0.025	-0.057	-0.023	-1.110
河南	-0.007	-0.049	-0.020	-0.546
黑龙江	0.218	-0.021	0.480	-0.968
湖北	-0.023	-0.044	0.042	-0.617
湖南	-0.053	-0.028	0.077	-0.371
吉林	0.124	-0.050	0.238	-0.978
江苏	-0.038	-0.054	-0.113	-0.748
江西	-0.045	-0.020	0.147	-0.366
辽宁	0.011	-0.070	-0.009	-1.737
内蒙古	0.221	2.654	0.622	-1.399
宁夏	0.138	0.216	-0.019	-0.887
青海	0.033	7.284	0.053	-0.716
山东	0.003	-0.051	-0.060	-0.771
山西	0.056	-0.018	0.029	-2.854
陕西	0.061	0.044	0.148	-0.601
上海	-0.087	-0.153	-0.191	-2.766
四川	-0.034	0.064	0.073	-0.380
天津	-0.044	-0.139	-0.084	-2.080
西藏	0.059	24.859	3.125	0.000
新疆	0.128	2.390	0.068	-1.140
云南	0.045	-0.062	0.313	-0.487
浙江	-0.049	-0.044	-0.107	-0.830
重庆	-0.033	-0.033	-0.021	-0.519
全国	0.006	0.139	0.058	-0.784

陆颖等(2006)分析了云南省 1988～2003 年的生态足迹与生态承载力变化情况，结果表明：第一，云南省生态足迹与生态承载力均呈不断增长态势，人均生态足迹从 1988 年的 0.8568，增长到 2003 年的 1.5845，增长 2.25 倍，年均增长 5.6%，后者增长 1.4 倍，年均增长 2.1%，生态足迹增长高于生态承载力，生态赤字日益增大；第二，从资源消费结构来看，以农业用地和化石能源用地为主，牧草地的增长速度最为明显。人均生态足迹中，1988 年农业用地和化石能源用地分别占 36%、44%，2003 年分别占 32%、36%，牧草地从 1988 年的 14%上升到 2003 年的 25%，体现了人口消费结构的变化。从生态承载力角度看，1988 年和 2003 年，农业用地和林地合计分别占了 93.8%、97.5%，二者共 43.2%的国土面积，贡献了 95%以上的生态承载力，保障了整个生态系统的稳定和生态安全。

生态足迹反映了两个方面的内容,一是人类消费的绝大多数资源及其产生的废弃物数量,二是需要相应的生物生产面积生产这些资源和吸纳废弃物。生态足迹说明,消费越多,产生的废弃物越多,挤占的生态空间越大,使用的能源越多,产生的 CO_2 等废气越多,需要更多的森林来吸收 CO_2。因此,生态足迹可以度量生物消费和能源消费造成的生态环境压力,并将其纳入经济发展的成本中。建立对不合理生产方式和消费方式征收生态税的制度十分必要。

除陈敏等(2006)、陆颖等(2006)的研究之外,我国近年来对生态足迹的研究成果还有很多,但是,没有发现有关生态足迹与生态税收关系研究的成果可供借鉴。实际上,生态足迹的研究对于生态服务税收的建立具有重要的参考价值。笔者认为,生态赤字也就是该区域在直接使用和消费生态盈余地区的生态服务功能,应当以缴纳税金的方式,补偿生态盈余地区提供的生态服务功能。遗憾的是,已有的生态足迹计算,还没有划分出不同产业,也就很难计算出不同产业的税率,因此,对于不同消费方式和不同产业应当征收多少税率,需要进一步核算和研究。

(二)基于生态足迹的生态地租

生态地租源于李嘉图地租理论[①],Yakovets(2003)认为,在自然经济和自然管理领域,应用更加有效率(与当时普遍的效率水平相比较)的设备、技术和生产组织模式等而产生的超额利润就是生态地租。Tsvetnov 等(2009)进一步把生态地租分为生态地租 I 和生态地租 II,生态地租 I 是由于自然界物体的生态(或生态系统)服务(如土壤和植物吸收二氧化碳、土壤对有机污染的分解等)而获取的超额利润,生态地租 II 则是利用更加有效率的技术、生产手段等获取的超额利润。

实际上,在一定的时段内,由于土地的稀缺特性,以及技术进步的有限性,生物生产性产出总是有限的,也就是说土地的生物承载力有一定的限度。但随着人口增长以及消费水平提高,人们对生物生产力土地和吸纳生活废物的土地的需求却越来越多,生态足迹日益增加,生态赤字因此越来越严重。为了能够获取超过土地生物承载力的产出,必然需要更多的土地、劳动、资本和技术等要素投入,这相当于为消除生态赤字而增加的成本,相应地导致边际产品产出价格增加。

龙开胜等(2011)根据李嘉图地租理论和中国 2008 年生态足迹,计算出 2007 年中国单位经济产出的生态地租数量为 0.082,即产出水平保持在生物承载力范围内的企业,其 1 元的产出可以获得 0.082 元超额利润。2007 年中国经济产出的生态地租总额为 $7\,258\,711 \times 10^6$ 元,相当于当年经济总产出增加值的 27.3%,其中,农林牧渔业的生态地租最高,电、热及水生产和供应次之,而工矿业等其他产业产出数量大,尽管单位产出的生态地租量低于农林牧渔业,由于其自身的生物型产出较少,总的生态地租量最多,需要支付更多的代价租用生物生产性土地以吸收二氧化碳。消除生态赤字的两条途径,要么将最终总需求保持与生物承载力一致的水平,如果要使经济产出水平与生物承载力保持一致,需要减少 60.7%

① 李嘉图地租理论:大卫·李嘉图将劳动时间决定价值量的原理运用于地租理论,创立了差额地租学说。在他看来,由于土地的特性,农产品的价格是由耕种劣等土地的生产条件(即最大的劳动耗费量)决定的,优中等地的产品在价格上具有优势,从而能够获取超额利润,即地租。

的最终需求；要么征收与生态地租等值的生态税，用于治理生态环境，以维持土地生物性生产能力的稳定。

(三)生态服务税

尽管区域生态足迹和生态地租的研究成果没有明确提出生态税以及如何计算生态税的问题，但生态地租已关注到生态足迹与生态税的相关性，这也是目前查到的唯一相关文献。从生态足迹分行业计算的案例和按照企业、家庭，乃至个人的生态足迹计算，建立生态服务税制已具备可能性和可行性，也能得到社会的理解。

生态足迹揭示了不同产业和地区以不同的土地利用方式和自然资源消费方式，占用的生态空间和消耗的生态服务功能(如吸收二氧化碳等)。在一个国家，生态赤字省份和生态赤字产业，多占用了生态盈余省份和生态盈余产业的生态空间和生态服务功能，故产生了不同省份和不同产业生态地租。因此，要保持一个国家的总体生态平衡，生态赤字省份和生态赤字产业应当通过向中央财政上缴生态税，用于补偿生态盈余省份和生态盈余行业提供的生态服务功能。

按照生物资源消费和能源消费两部分，进行分门别类计算，依据不同消费品所产生的生态赤字，设计生态税率标准，由企业和个人按照消费数量上缴。这样，消耗越大，生态赤字越大，上缴的税收越多，经济越发达的地区，资源能源消耗越大的产业，向国家上缴的生态税越高。为保持同样的生产水平和经济水平，需要更多的技术投入，以提高资源、能源节约水平。实际上，生态税可以从消费税中分出，适当降低消费税，设立生态税，或者与资源税结合，对资源能源消费占用的生态空间征收生态税。当然，这些税率计算工作需要进一步核算，因为该项工作超出了自然保护区生态补偿的范围，在此不再深入分析(郭辉军和施本植，2013b)。

第五节　基于市场机制的生态服务付费

间接利用生态服务功能(包括地区之间、代际之间)，只能采用生态税的方式收取。而对于直接利用生态服务功能，可以采取市场机制的生态补偿办法。根据科斯定理，当产权明确后，损害者和受损者可以通过协商谈判解决。例如，生态系统的生态景观价值，可以由旅游公司和旅游者直接支付；森林生态系统水源涵养的功能价值，可以由水电公司直接支付。

自然保护区周边居民和区内居民与自然保护区存在矛盾，其主要原因是：一方面，保护区划定后压缩了居民的生存空间，限制了居民的生产生活方式，从而导致了保护区周边、区内居民的经济水平落后于其他地区居民；另一方面，长期以来集体和个人林权未落实，居民既没有使用权，也没有收益权，当依托保护区优美的自然景观发展旅游业，旅游收入增长后，居民并没有因为旅游业的发展而获得经济收入的增长。2006 年以来全国开展的集体林权制度改革，虽然自然保护区内居民取得了林权证，但仍然不能砍伐木材获得收入，也不能以提供的生态景观获得更多收入。因此，旅游作为唯一可以发展的产业，建立自然保护区旅游生态补偿机制成为当务之急。生态服务功能价值和机会成本分析，为我们提供了单位面积生态补偿的最高标准和最低标准，但是资金从何而来？当然只能从生态旅游的收入中来。但是，旅游企业和旅游者应当上缴多少生态服务费用才合理？旅游者希望交给当地景区越少越好，景区希望收取越多越好，分给林权其所有者的越少越好。因此，确定旅游者和旅游企业上缴的生态服务费用标准，成为建立生态补偿机制的关键和前提。旅游生态足迹的计算方法为我们提供了途径。

章锦河等（2004，2005）认为，旅游者的旅游活动消耗了当地的自然资源，占用了当地居民的生态足迹，造成了生态环境资源利用的压力，保护区通过发展旅游业置换了游憩功能价值，对此理应向保护区居民做出相应的生态补偿。根据旅游交通、住宿、餐饮、购物、娱乐和游览等 6 种消费活动转换成化石能源、耕地、草地、林地、建成地和水域 6 种生物生产性土地的生态足迹，计算出旅游生态足迹和当地居民的生态足迹，以评估旅游产业造成的生态环境压力。章锦河等（2005）对九寨沟的旅游生态足迹计算结果显示，2002 年九寨沟旅游生态足迹总值为 76017.587hm^2，人均旅游生态足迹为 0.061hm^2，旅游生态足迹效率为 8643 元/hm^2，当地居民的生态足迹总值为 4123.212hm^2，人均生态足迹为 0.96hm^2，本地生态足迹效率为 2613 元/hm^2，二者之差为 6030 元/hm^2。根据上述计算结果，可进一步计算出，2002 年旅游生态足迹效率总值为 6030 元/ hm$^2 \times$ 774.272 hm^2（退耕还林面积）=4668860.16 元，占 2002 年旅游总收入（6.57$\times 10^8$）元的 0.71%，因此，旅游业上缴的生态税总额为 4668860.16 元，税率仅为0.71%。张一群等（2012）对碧塔海省级自然保护区（普达措国家公园）进行了旅游生态足迹的调查与计算分析，结果显示，2010 年旅游生态足迹总值为 1466.12hm^2，人均旅游生态足迹为0.00212hm^2，旅游生态足迹效率为 85409.09 元/hm^2，当地居民生态足迹为 1283.93hm^2，人均生态足迹为 2.3909hm^2，生态足迹效率为 803.45 元/hm^2，二者之差为 84606 元/hm^2。因此，旅游企业应当按照生态足迹之差向保护区管理局上交生态服务费。

章锦河等（2004，2005）、张一群等（2012）的旅游生态足迹研究，为我们计算旅游生态服务费提供了很好的方法借鉴。

目前九寨沟、西双版纳国家级自然保护区、碧塔海省级自然保护区等很多开展生态旅游的自然保护区，都是从旅游企业上缴的旅游资源费中拿出一部分用于补偿保护区内居民，但是大部分都没有建立科学的生态服务收费标准、生态补偿标准和长效机制，更没有政策法规的保障。涵养水源是自然保护区的重要生态服务功能，是可以直接进行交易的，因此，除了旅游之外，自然保护区还可以通过涵养的水源，向享受清洁水源的城市居民及周边居民收取水费。文山国家级自然保护区每年涵养水源 6621.5$\times 10^4$m^3，为文山市 30 多万居民常年提供清洁的饮用水、农田灌溉以及两个水电站发电用水，目前文山州采取的是城市居民每吨水加收 0.05 元的资源费，每度电加收 0.01 元的资源费，上缴财政后返还自然保护区管理局和保护区内农民。这是自然保护区生态服务付费的典型案例。

自然保护区生态旅游和水电补偿，是自然保护区森林游憩和水源涵养两项生态服务功能付费的成功案例，为实现生态服务付费交易提供了经验。进一步完善市场机制下直接享受生态服务的生态服务收费标准、生态补偿标准和政策保障成为当务之急。

第九章　云南省自然保护区生态补偿机制构建

第一节　自然保护区生态补偿的原则

生态补偿既要解决经济活动的外部性问题，也要解决生态系统的外部性问题。自然保护区的生态补偿，既要遵循一般生态区域的生态补偿原则，也要符合自然保护区的特殊规律。因此，自然保护区的生态补偿应当遵循以下六条基本原则：

(1) PPP 原则，即"谁破坏谁付费"原则(pollute pays principle, PPP)。Pigou (1932) 认为，直接向施加负外部性的生产者征税，提高其边际成本，可以减少经济扭曲行为。经济合作与发展组织 1972 年提出了关于治理污染环境的 PPP 原则，即"谁污染谁付费"的原则。这一原则进一步扩大到对过度利用或破坏自然生态系统，损害他人利益的组织或个人征收费用。因此，当发生个人或组织在自然保护区修路、种植、修建房屋等行为，砍伐自然保护区森林时，即使在试验区得到主管部门的行政许可，在支付植被恢复费等常规传统费用的基础上，也应当按照最高标准的生态服务功能价值费支付生态补偿费，其中一部分用于支付机会成本，另一部分用于保护、恢复生态系统功能的费用。2000~2010 年，云南省国家级自然保护区被征占用林地 108hm^2，砍伐木材 1066m^3；省级自然保护区被征占用 35hm^2，砍伐木材 1560m^3。按照全省自然保护区生态服务功能价值应当支付每公顷 12.31万元，但实际支付的仅仅包含植被恢复费[①]，每公顷 8 万元。

(2) BPP 原则，即"谁受益谁付费"原则(beneficiary pays principle, BPP)。PPP 原则明确了损害者付费，未遭受破坏的生态系统，不但为区域内和周边的当地人提供了各种生态服务，也为区域外的人提供了生态服务。例如，涵养的水源，为下游地区的人提供了洁净的水；O_2 及负氧离子进入大气环流，为外部地区提供了洁净的空气，稀释了污染空气，因而受益的人群更多、范围更广。因此，代表这些人利益的各级政府应当为此付费。当前我国实施的生态公益林补偿，就是按照 BPP 原则建立的生态补偿机制。由于国家财力有限，目前的补偿标准比木材收入机会成本还低，木材收入机会成本为其 3.08~7.55 倍。同时，这些受到保护的生态系统，也为旅游者提供了优美的生态景观，开展旅游的企业和享受这些景观的旅游者，应当为此付费。

(3) GRP 原则，即"政府代表"原则(government representative principle, GRP)。生态系统保护或破坏，不仅当代人受益或遭受损失，而且后代人也相应地受益或遭受损失，在生态系统代际分配中，后代人应当得到公平的保护，因此，代表地区之间、代际之间利益的政府，需要在市场失灵的情况下，承担起代表其他地区和子孙后代的生态补偿责任。

---

① 《财政部国家林业局关于印发〈森林植被恢复费征收使用管理暂行办法〉的通知》(财综〔2002〕73 号)。

(4)PGP原则，即"谁保护谁受益"原则(protector gets principle, PGP)。在划定保护区、公益林后，在这些区域长期生存的当地居民，其生产生活受到严格限制，承担保护的责任，当地政府财政收入也因此减少，供养其他行业人员和开展公益服务的能力下降，因此，当地政府和居民是生态系统的保护者、牺牲者，应当收到生态补偿费。特别是云南省自然保护区占全省总面积10%以上的22个县和占全省国土面积20%以上的7个县(市、区)，经济发展受到的影响较大，它们应当得到更多的补偿。

上述4条原则，已为大多数专家和政府部门认可。除以上4条原则之外，笔者提出了第5条和第6条原则。

(5)UPP原则，即"谁使用谁交费"原则(utilizer pays principle，UPP)。生态系统通过物质循环，建立能量流动，没有物质的转换和循环，能量流动也就无法实现。人类通过消费生态系统的大量生物性资源，占用大量的生物性生产空间，直接或间接地产生生态足迹，生态赤字扩大甚至产生生态危机。因此，消费越多，占用的生态空间越多，对生态的破坏越大，对其他人和子孙后代的跨区、跨代占用越多，因此应当上缴资源税费。

(6)IGCP原则，即"谁受伤害谁得赔偿"原则(injured get compensation principle，IGCP)。由于生态系统存在，正的外部性，按照"谁保护谁受益"的PGP原则，保护者获得补偿。随着生态保护成效显现，野生动物种群快速增长，野生动物经常跑出原有自然保护区，造成人身伤害和财产损失，产生生态系统负的外部性，因此，对于遭受损害的家庭和个人，应当按照经过评估后的价值进行赔偿，而不是简单地补偿。

第二节 自然保护区生态补偿的特殊性与模式选择

一、自然保护区的特殊性

自然保护区与一般生态区域的生态补偿不同，这是自然保护区的特殊性决定的。一是自然保护区属于禁止开发区，除试验区可以开展与生态保护不矛盾的生态旅游活动外，占主体的核心区和缓冲区不能从事任何生产经营活动。无论是国务院发布的全国主体功能区划还是世界各国的法律法规，都是同样的规定。二是自然保护区属于生态效应外溢区和生态服务功能的生产区，其生态服务功能和价值，是一般生态服务区的2~3倍。三是自然保护区自然生态系统产生的外部性既有正外部性，也有负外部性。与一般生态区域相比，各地大多数野生动植物种类和原生生态系统保存在自然保护区内，动物种群数量相对较大，当其种群数量超过保护区承载能力时，野生动物会跑出保护区外觅食，经常出现野生动物引起农作物和经济作物损害，乃至人身伤害、房屋财产遭受破坏的事件发生，产生负外部性，这在一般生态区域是比较少见的。相对于经济活动的外部性问题，自然生态系统也存在外部性问题，因此，在自然保护区这一特殊生态区域，存在着人类经济活动的外部性与自然生态系统外部性相互作用的过程。四是自然保护区内大多是典型生态系统和顶级群落，其结构和功能基本处于稳定状态，生态系统内的物质循环和能量流动正常不间断，食物链相对完整，因此，生态建设的主要目标和任务是保护，修复和恢复的任务相对较少，因而在生态补偿成本中主要是维护和管护成本。五是在生态服务功能的服务空间和时间跨度相对于一般生态区域更大。物种的保存，要为子孙后代和其他省区乃至全世界服务，典型生态系统具有不可替代性，因此，只能由政府作为代表，来行使相关权利和责任。六是自然保护区所有权、管理权和经营权的"三权"分离。土地资源分为国有、集体和个人，管护者主要是自然保护区管理机构，经营者可以特许给企业和个人。除此之外，自然保护区的单位面积生态服务功能及其价值是一般生态系统平均值的2～3倍，提供的生态服务质量相对更高。例如更为清洁的水源、更为独特的生态景观，部分功能更加吸引公众使用和享受，吸引更多的旅游者观光旅游，更易实现市场交易。因此，自然保护区的生态补偿机制和模式的选择既要遵循普遍的生态补偿机制，也要根据其特殊性建立特殊的机制和模式。

二、自然保护区功能区划与生态补偿机制的关系

《自然保护区条例》第十八条规定："自然保护区可以分为核心区、缓冲区和试验区。自然保护区内保存完好的天然状态的生态系统以及珍稀濒危野生动植物的天然集中分布区应当划为核心区，禁止任何单位和个人进入，除依照本条例第二十七条的规定经批准外，也不允许进入从事科学研究活动。核心区外围可以划定一定面积的缓冲区，只准进入从事科学研究观测活动。缓冲区外围划为实验区，可以进入从事科学试验、教学实习、参观考察、旅游以及驯化、繁殖珍稀濒危野生动植物等活动。原批准建立自然保护区的人民政府认为必要时，可以在自然保护区外围划定一定面积的外围保护地带。"社会普遍认为，自然保护区是禁止任何人类生产活动的，拥有自然保护区的地方政府或生活在自然保护区内以及在周边的村民的生产生活是受到法律限制的，实际上，自然保护区实验区内开展的不破坏生态的生产生活并未受到法规禁止。因此，自然保护区的三个功能区的法规限制和认识不同，生态补偿机制、标准也应当不同。

截至2011年底，云南省已建立各种类型、不同级别的自然保护区156个，总面积286.63×10⁴hm²，占全省国土总面积的7.5%。其中国家级自然保护区17个，总面积143.99万hm²，省级自然保护区42个，总面积81.04×10⁴hm²[①]。在云南省省级以上自然保护区中，核心区面积110.93×10⁴hm²，占保护区总面积的49.29%，缓冲区面积53.15×10⁴hm²，占保护区总面积的23.62%，实验区面积60.95×10⁴hm²，占保护区总面积的27.09%（表9-1）。实验区内可以发展旅游产业，也可以发展农业和林产业，前提条件是不破坏原有资源，如果超过建立时批准的总体规划，改变原有土地利用类型，需经过行政主管部门的行政审批。因此，占72.91%的核心区和缓冲区，因禁止任何生产经营活动，只能由政府进行补偿，实验区可以通过发展不破坏资源的产业，建立市场补偿机制，或者不发展任何产业由政府补偿保护生态的资源所有者。由此可见，区分功能区对保护区生态补偿机制的建立具有重要的实践意义。

---

① 郭辉军等.云南省自然保护区年报.2011，云南省林业厅.

表 9-1　云南省国家级、省级自然保护区功能区面积(2011 年)

保护区级别	数量/个	总面积/hm²	核心区面积/hm²	缓冲区面积/hm²	实验区面积/hm²
国家级	17	143.99	68.69	41.24	34.05
省级	42	81.04	42.23	11.91	26.89
合计	59	225.03	110.93	53.15	60.95

资料来源：作者根据相关资料整理。

三、自然保护区内集体林改和生态公益林补偿

2006 年云南省启动全省集体林权制度改革后，遇到的一个重要问题是自然保护区、天然林保护工程区和生态公益林区如何林改，而这三类区域都是以生态效益为目的。在保证国家生态安全的前提下，如何保障林农的权益呢？我国林地管理采取的是将林业用地划分为生态公益林和商品林两类林。生态公益林以提供生态效益为目的，禁止大面积砍伐和商品性采伐。商品林地以提供经济效益为目的，可以按计划、按限额指标采伐。2000 年启动天然林保护工程后，云南省划定了天然林保护林地面积 17 969.3 万亩，占全省林地面积的 49.42%。2004 年启动的生态公益林补偿，云南省划定国家级公益林 11877.7 万亩，省级公益林 5916.8 万亩，国家级和省级公益林占全省林地面积的 47.91%。天然林保护区和生态公益林保护区均禁止商品性采伐，但是有两个方面的不同：一是补偿标准不同，天保区林地为每年每亩补助 1.75 元，集体公益林每年每亩补助 10 元，国有公益林每年每亩补助 5 元；二是资金用途不同，天保工程区补助为解决森工企业职工生活，公益林补助拥有林权的林农和国有林管理机构。目前，天然林保护工程与生态公益林保护的范围、面积和生态补偿政策尚未并轨。

自然保护区内保存了最丰富的野生动植物种、原生生态系统和重要的生态景观，因此，自然保护区内的集体林权，既要保证丰富的生物多样性，又要保障集体林地所有者的权益。自然保护区内集体林地是发放林权证到户还是发放到村民小组或村委会集体管理呢？生态补偿是以单个农户为对象还是以村集体为对象再进行二次分配呢？根据自然保护区条例，严格限制保护区内的林地流转、林木采伐，保护区内的集体林地即使发放了林权证，林权所有者，没有林地林木支配权，不能按自己的意愿经营管理。因此，集体林改政策与保护区法规是不协调的。根据国家林改 85%以上集体林地到户的政策要求，截至 2012 年底，全省自然保护区集体林地都将林权证发放到了每一个农户，同时采取了自然保护区管理机构与农户个人或村民小组签订管护协议。根据集体林权制度改革落实经营主体"四权"的要求，明确林地林木的所有权和使用权、放活林地经营权、落实林木处置权、保障业主收益权。

由于生态公益林补偿标准仅为每年每亩 10 元，远远低于采伐林木的价值，更低于种植其他经济林木的价值，自然保护区内的集体林地仍然是长期隐患。目前可采取的办法，一是对自然保护区内的集体林地调出保护区。经过专家实地科学评估，对珠江源、瑞丽江和澜沧江三个省级保护区内的保护价值不大的集体林地进行了调整，减少了面积。二是林地置换。为保证保护区面积不减，对于保护区内保护价值不大的集体林地，若周边有同类

价值的国有林地，经过专家评估，由当地政府进行置换，面积不变。三是对具有较大科学价值的集体林地，不能调整，签订管护协议，纳入国家或省级生态公益林，由政府补偿林农。由于目前这政府财力有限，很少采取生态移民和林地赎买的方式。

四、自然保护区生态公益林补偿

2004 年，财政部、林业局正式启动了国家生态公益林补偿，制定了《重点公益林区划界定办法》和补偿资金管理办法，对被划为国家级公益林的林地，由国家财政补偿，国家级自然保护区全部划为国家级生态公益林补偿范围，保护区内集体林，每年每亩补助 10 元，国有林每年每亩补助 5 元。根据国家界定标准，云南省组织开展了公益林区划界定及申报工作，经国家组织专业技术人员进行现地检查，认定云南省国家级公益林 11877.7 万亩。到 2009 年，实际纳入中央财政补偿的国家级公益林面积 4517.5 万亩，占认定面积的 38%，天保工程区国家级公益林未纳入中央财政补偿。2009 年，国家重新修订印发了《国家级公益林分级区划界定办法》，对国家级公益林进行分级区划，将国家级公益林分为三级，为分级管理、分类型建立机制提供了科学依据。同时，云南省政府开展了省级公益林的区划界定和生态补偿工作，全省划定省级公益林 5916.8 万亩，天保工程区国有林暂不纳入省级财政补偿，实际纳入省级补偿的公益林面积 4730.8 万亩。

国家级和省级自然保护区被分别划为国家级和省级公益林。2009 年，全省共有 16 个国家级自然保护区，面积 1877.9 万亩，纳入中央财政森林生态效益补偿的有 13 个，实际补偿面积 572.25 万亩，属于天保工程区的会泽、纳板河、西双版纳 3 个国家级保护区未被纳入。全省有 27 个省级自然保护区划入省级公益林，面积 249.47 万亩，实际纳入省级财政补偿的有 185.99 万亩，天保工程区中的国有省级公益林未纳入省级公益林补偿。

自 2004 年和 2009 年先后启动国家级公益林中央财政补偿和省级公益林省级财政补偿以来，突出的问题有两个方面：一是天保工程区公益林比例高，但未安排生态补偿，国家认为天保区已有补偿，天保后续政策未出台，不安排补偿。实际上，天保工程资金主要解决森工企业职工的生活问题，大多数农民并未得到补偿，拥有林权的农村集体和农民对公益林保护和管理的积极性不高，甚至出现林农与公益林管护的矛盾。二是生态补偿标准过低，无论是天保工程补助，还是国家级公益林补助，都与单位面积森林资源的价值相差巨大。因此，目前实施的生态公益林补偿，与生态公益林提供的生态服务功能，发挥的生态效益相比，与作为商品林采伐或其他土地利用方式的产出相比，仍有极大的差距，并不是真正意义上的生态补偿，只能是管护补助。将天保工程与生态公益林补偿政策并轨，再进一步提高生态公益林补偿标准，才能有效地解决问题。

五、自然保护区生态补偿的模式选择

由于自然保护区具有同时提供纯公共产品和准公共产品的特性，通过上述的研究，自然保护区生态补偿模式应当采用以政府补偿为主、市场补偿与社会捐助相结合的模式，自然保护区提供的清洁空气、固碳释氧和生物多样性保育等生态服务功能，属于纯公共产品，应当由政府通过生态税收进行转移支付给自然保护区及区内居民,或者通过社会捐赠支持自然保护区及其区内居民。生态景观、涵养水源等准公共产品,可以通过市场机制,由直接受益的企业和个人支付生态服务费。

　　自然保护区生态补偿的机制建立,既需要遵循一般生态补偿的机制,也需要根据其特殊性,建立特殊的机制,如特许经营机制和野生动物肇事补偿机制。自然保护区的资金来源,仅仅靠自然保护区本身或其主管部门是无法解决的,必须依靠政府协调,相关部门的协作才能实现。财税机制的建立,涉及国家税费体制的改革、广大公民的经济收入水平和纳税意识的转变,这是生态补偿的重大问题,也是目前企业和个人对增加纳税普遍反对的问题,不仅需要解决税种、税率设计的技术问题,也涉及经济发展方式的转变。有些问题甚至涉及国际公约的执行,例如二氧化碳减排早已成为国际社会研究的热点和难点。

第三节　完善自然保护区生态补偿的机制

一、生态补偿的法规机制

　　一种新的机制的建立和完善,没有法规的保障是很难实现的,按照"职权法定"的原则,生态补偿作为一种新的机制,更是需要法规的保障。很多学者和政府部门,早已关注生态补偿的立法问题。尤晓娜等(2004)提出"建立生态环境补偿法律机制"。沈满洪和陆菁(2004)提出"制订区域生态保护补偿机制管理条例",包括补偿对象、形式、标准、经费来源、组织机构和考核方式6个方面作为条例的主要内容。马燕等(2005)提出"生态补偿法"的4条原则,即生态利益、公平补偿、生态化补偿和透明化原则。闫伟(2008)提出"生态补偿法"三步走的建议,即指导意见、条例和生态补偿法,内容涵盖补偿主体、资金来源、管理机构等方面。任勇等(2008)建议,全国主体功能区划应作为立法的第一步。这些学者的建议倾向于生态补偿的单独立法。另有一部分学者倾向于修改完善现行生态保护和环境保护法规,为生态补偿制度提供法律保障,以生态和环保法规为基础,颁布生态补偿管理办法(周晓唯,2007;欧阳志云等,2013)。丁任重(2009)更是提出从修改宪法第九条入手,确定生态补偿的宪法地位,并对《环境保护法》等部门法规进行修订,增加有关生态补偿的条款,在此基础上制定《生态补偿条例》。2010年开始,国家发改委已开始"生态补偿条例"起草的前期工作,很多专家学者开始倾向于单独立法,并有学者直接针对《生态补偿条例》提出具体的建议(孔志峰等,2011;竺效,2011)。从我国立法的规律看,一般是基层实践探索、制定规划、出台意见、颁布条例,最后立法。而法规制度包括全国人大法律、国务院条例、地方政府条例和部门规章。

　　实际上,我国相关法规,已经对生态补偿的相关问题给予了关注。2002年国务院颁布的《退耕还林条例》应当是我国第一部专项生态补偿的法规。与资源利用、环境保护相关的专门法规,也都或多或少地对生态补偿给予了关注。1998年通过的《森林法修正案》规定,国家建立森林生态效益补偿基金,用于提供生态效益的防护林和特种用途林的森林资源、林木的营造、抚育、保护和管理。随后,2000年国务院颁布的《森林法实施条例》

中明确规定，防护林、特种用途林的经营者，有获得森林生态效益补偿的权利，从而使森林生产经营者获得补偿的权利法定化。2001 年财政部会同国家林业局下发《森林生态效益补助资金管理办法〈暂行〉》（财农〔2001〕190 号），开始对生态公益林实施生态效益补偿的试点工作。2004 年财政部又会同国家林业局正式下发了经过修订的《中央森林生态效益补偿资金管理办法》，明确提出为保护国家重点公益林资源、促进生态安全，应建立中央森林生态效益补偿基金。《中央森林生态效益补偿资金管理办法》明确了基金性质、补偿范围、补偿标准、补偿费的使用。遗憾的是，《森林法实施条例》和《退耕还林条例》等一系列相关法规都没有明确资金的来源。

1993 年和 1994 年，国务院颁布了《资源税暂行条例》和《矿产资源补偿费征收管理规定》。1997 年开始实施的《矿产资源法》明确规定，开采矿产资源应当节约用地。耕地、草地、林地因采矿受到破坏的，矿山企业应当因地制宜地采取复垦利用、植树种草或者其他利用。开采矿产资源给他人生产、生活造成损失的，应当负责赔偿，并采取必要的补救措施。《矿产资源法实施条例》规定，对不能履行水土保持、土地复垦和环境保护责任的采矿人，应向有关部门缴纳上述责任所需费用，即矿山开发的押金制度。

2002 年修订的《水法》第 48 条规定：对城市中直接从地下取水的单位，征收水资源费；其他直接从地下或者江河、湖泊取水的，可以由省、自治区、直辖市人民政府决定征收水资源费。随后，2006 年，国务院颁布了《取水许可和水资源费征收管理条例》。

从国际经验和我国法规的历史现状来看，生态补偿已经有了比较好的立法基础，社会公众对生态补偿的法律意识有了较大认可度，同时社会各界、专家学者对生态补偿立法的呼声较高，2010 年国家发改委顺应了这一形势，开始起草《生态补偿条例》。因此，建立生态补偿的法规机制时机已相对成熟，应加快立法进展，完善法规内容和条款。笔者认为，一是要对现行与生态补偿相关的法规进行梳理，对生态补偿相关法规的条款进行归纳。例如，《退耕还林条例》作为《生态补偿条例》的一个专门章节进行规范，作为生态补偿的一种方式，继续实行部分区域的退耕还林政策。取《矿产资源法》中有关矿山开采的生态补偿，作为损害者补偿原则（PPP）的一部分，《水法》中取水许可有关规定，作为受益者补偿原则（BPP）的一部分。《资源税征收条例》作为单独一个章节，即按照使用者付费（UPP）的原则，解决一部分生态补偿资金来源。二是进一步明确"生态补偿"的概念，在法规的形成中，与一般学术概念不同，法律概念对整个法律执行具有决定性作用。三是《生态补偿条例》要明确生态补偿实施的主体，即行政主体，应当是中央政府与地方政府某一个具体行政部门。四是要明确补偿资金来源，包括生态税收、费用等。五是要明确生态补偿标准的确定方法，而不宜在《生态补偿条例》中直接明确具体数额。以生态成本法和生态服务价值法为核算方法，并以机会成本法为最低标准和以生态服务功能价值增值为最高标准。生态成本包括直接损失、机会成本和生态建设投入三个部分。如果仅仅包括机会成本，就会出现很多地方发生的补偿资金完全他用，一分钱也不投入生态保护、修复和恢复的情况，也会出现生态补偿标准提高和生态服务质量下降并行的危险后果。六是要明确政府、企业、个人在生态补偿中的责任、权利和义务。

法规只能对已经成熟和公认的行为进行规范，需要相关部门规章和政策进行补充，为法规执行和完善留有余地，为政策创新留有空间。

二、生态补偿的财税机制

没有资金来源，生态补偿机制的建立将成为"无源之水"。目前我国现行与生态补偿有关的法规，都没有明确生态补偿的资金来源，而《资源税条例》也未明确税收资金可以用于生态补偿，而资金来源是生态补偿机制的核心基础。财税机制包括如何筹集资金和如何使用资金两个方面。

国际上为生态环境保护设了各种税费，名目繁多，除巴西直接以生态税作为独立税种外，其他国家都将生态环境税放在各种税收中。例如，荷兰为环境保护而设计的税收主要包括燃料税、噪声税、垃圾税、水污染税、土壤保护税、地下水税、超额粪便税、汽车特别税、石油产品消费税等。美国与生态环境相关的税种包括：对损害臭氧的化学品征收的消费税，汽油税、自然资源开采税、固体废弃物税等。瑞典的生态税收主要以对能源的征税为主，包括：对燃料征收的一般能源税和增值税、二氧化碳税、硫税、汽油税等(计金标，1997)。我国目前尚没有以生态环境保护为宗旨的税种，与生态环境保护最为密切的有资源税、城市维护建设税，以及一些鼓励环保和资源综合利用的税收优惠政策。因此，当前我国税收对生态建设和环境保护的调控引导作用是从属的、派生的，调节的范围和力度远远不够，存在优惠形式单一、受益面较窄、缺乏针对性和灵活性等问题(邢丽，2005)。

在收费方面，排污费制度是国际通行的做法，也是我国最早对环境污染收费并专款专用的一项生态环境收费制度。基于我国当前生态环境税收缺乏和收费单一的现状，很多专家建议，要建立生态税费体系。曲顺兰和路春城(2004)提出，调整和完善现行税制中的相关税种，扩大资源税征收范围，完善流转税、所得税和关税，推进"费改税"，开征污染税和能源税，建立生态税收体系。邢丽(2005)提出，改革现行的资源税费制度，发挥消费税在环境保护中的作用，根据"受益者付费"的原则，以生态补偿税取代原有的城市维护建设税。从已有的研究文献看，大多数学者建议建立生态补偿的税收体系，并以调整和改革现有税种为基础，但都没有提出征收的科学依据是什么、税率如何设计。笔者认为，一是赞同改革和调整现有的税收制度，建立与"受益者付费"、"使用者付费"和"损害者付费"相适应的生态税费体系。二是要依据生态足迹的核算，确定不同行业的生态补偿税的税率，以生物性消费和能源消费两大类计算不同的税率。三是要明确税收的用途是生态补偿的直接损失、机会成本和生态建设投入，否则，有收入、没用途，会打击纳税人的积极性，也不符合生态补偿的目的。

鉴于生态服务的公共产品特性和各地生态环境的差异性，由政府主导的财税体制是调解和解决生态服务补偿资金的现实选择，这也是世界各国通行的做法。

从财政政策角度看，生态补偿机制是指生态效应受益地政府按照规定的权责利关系，向生态效应提供地政府补偿双方因生态效应产生的机会成本差，并据此促进生态建设和双方社会经济可持续发展的一种激励、约束机制。因此，可以将生态补偿分为两个层次第一个层次，生态效应外溢的补偿。这一层次的生态补偿机制就是对生态效应生产地政府在生态功能上因事权大于财权而导致的财力不足进行的补偿。目前我国将国土分为禁止开发、限制开发、优化开发和重点开发四大类，每一类功能区的生态效应是不同的，从总体上看，禁止开发和限制开发地区为生态效应的生产区,是生态补偿的对象,而优化开发和重点开发区则是生态效应的受益区,是生态补偿的付费者。第二层次的生态补偿机制:生态效应的生产区的建设、保护、开发的成本弥补。目前我国四大生态补偿工程均属这一层次(孔志峰,2007;任勇等,2008)。根据这种两个层次的划分,孔志峰(2007)提出了相应的政策设计,针对第一个层次,采取生态补偿纵向转移支付和横向转移支付两种制度设计方案。纵向转移支付根据农村社会保障支出、国土面积、现代化指数和生态功能区划4个因素,确定生态转移支付的数量额度,横向转移支付根据生态效应指标体系,确定生态补偿标准,作为横向交易的协商依据,由交易双方上级政府管理的共建生态基金平台,完成和保障双方交易。针对第二层次,即目前实施的退耕还林、退牧还草、生态公益林补偿、天然林保护四大生态补偿工程,增加生态补偿的成本,通过整合将项目性预算转变为长期的生态补偿预算科目体系。笔者认为,这种财政政策设计提出了很好的方向,但计算的依据看起来是扶贫的资金管理,不够科学完善。实际上,这两个层次的划分,属于受益者付费机制,可以通过生态系统服务功能及其价值评估,计算出转移支付的相对标准。第二层次属于发展成本或机会成本,没有包括生态建设的投入。

1994年分税制改革形成以来,地方政府财政收入占整个财政收入的比重逐年下降,从1993年的78%下降到2005年的47.7%,而地方政府的财政支出占整个财政支出的比重却没有相应的变化,一直在70%的水平上波动,这说明分税制改革后,地方政府的事权与财权不统一、收支不平衡。政府财力不断向上集中的同时,职能和责任却不断下降(李宁等,2010)。因此,自1998年以来,国家实施的四大生态工程,主要依靠中央政府拨款才能实施,地方政府即使配套资金也很困难,极大地影响生态建设成效和积极性,这也是在生态补偿税费政策的设计中必须进行纠正的问题。生态税费收取中,要给予地方政府合理的比例,以使其承担相应的责任。中央财政在生态补偿中要承担更多的责任,应加大中央财政纵向转移支付力度,因为在目前的财税体制下,由于地方政府财政收入少,即使区域之间地方政府有意愿承担横向转移支付的责任,也会因财力有限难以实现。另外,生态服务具有全国性公共产品的性质,需要代表全局利益和子孙后代利益的中央政府承担责任。由于涉及转移支付的标准问题,地方政府横向协商、谈判成本很高,很可能无法形成结果,成为"无法实现的产权"。当然,目前我国已经制定《森林生态系统服务功能价值评估技术规范》,并发布了第一次"全国森林生态系统服务功能价值评估报告",这为生态补偿纵向和横向转移支付提供了条件。

财政部2011年出台、2012年修订颁布的《2012年中央对地方国家重点生态功能区转移支付办法》(财预〔2012〕296号),实际上启动了生态补偿的纵向转移支付,对象为国家确定的限制开发和禁止开发区域。分配办法的制定是该项工作目前最大的不足,限制开发区仅仅考虑了县级财政收支缺口、禁止开发区的面积和个数,而没有真正考虑生态效应的溢出效应。对于补助区域提高生态服务功能和生态服务质量高的地区,没有起到激励作用,这些地区没有加大生态建设的积极性。另外,虽然提出对重点功能区所属县进行生态环境监测与评估,但没有提出相应的指标和监测技术标准。

尽管财政部已经启动了"国家重点生态功能区生态补偿转移支付",但是仅仅能弥补所在区域一部分政府发展的机会成本,未能解决农村居民的机会成本,更未能解决生态建设的投入问题，也未能区别不同生态系统和不同生态服务功能补偿问题。因此，笔者认为，现阶段国家重点生态功能区转移支付、生态建设工程和居民失地成本补偿三个方式应当并存，才能解决生态保护和建设，提高生态服务功能，保障生态安全。同时要建立以生态服务功能价值为基础的生态补偿标准形成机制和绩效考核机制。以生态足迹为基础的生态税费机制和以生态服务功能为基础的财税机制，将是下一步研究的关键和核心问题。

三、生态补偿的绩效监测评价机制

无论是政府补偿还是市场补偿，无论是中央对地方政府的补偿还是区域之间地方政府间的补偿，补偿的效果都是普遍关注的问题。特别是公共财政体制下的资金使用效果，更是纳税人十分关注的问题。沈满洪和陆箐（2004）提出，建立生态保护价值增值的评估机制和评估机构。孔志锋等（2011）提出，需要通过一系列指标来衡量被补偿方的资金使用效果，即被补偿方是否在不影响当地居民基本生产生活水平情况下提供高质量的生态服务。目前生态补偿资金的使用与生态保护的效果没有直接挂钩，没有建立补偿资金的生态保护效果评估机制与监督机制，也没有相应的奖惩措施，受偿者责任未明确是我国生态补偿存在的主要问题之一（欧阳志云等，2013）。财政部颁布的《2012 年度中央财政国家重点生态功能区转移支付办法》第 4 条提出，"对国家重点生态功能区所属县进行生态环境监测与评估，并根据评估结果采取相应的奖惩措施"。笔者认为，绩效评价机制不仅应对政府资金投入进行生态补偿，而且应对市场机制以及社会捐赠进行生态补偿，这些都是极为重要的，如果不能有效和及时地进行绩效评估，不仅会让出资方失去信心和积极性，也会失去生态补偿的意义。生态环境涉及面广、评估指标多、尚未出台公认的评估技术规范，动态监测评估更是需要大量的人力、物力和财力以及技术设备的投入，重新建立一套过于复杂的绩效监测评估没有必要，因此，以目前已经建立的全国森林生态系统服务功能价值评估为基础，依托现有的生态定位监测站网络和已有的水文监测网、环境污染监测网作为补充，制定统一的技术规范，生态补偿绩效监测动态评估是可以实现的。因此，笔者建议，建立以生态服务功能价值为基础的生态补偿绩效监测评估机制，作为生态补偿机制的重要组成部分。

四、生态补偿的市场机制

由于生态服务的公共产品特性和经济活动的外部性，很多国家的生态补偿都采用政府主导的补偿机制。美国、巴西和哥斯达黎加是三个成功地实施了生态效益补偿政策的国家，它们的经验表明，政府虽然是生态服务的主要购买者，但市场仍然可以在生态补偿中发挥重要的作用。政府补偿并不是提高生态服务功能的唯一途径（沈满洪和陆箐，2004）。浙江东阳-义乌的水权交易是我国成功的生态服务市场交易案例之一。通过政府制定相关规则和管理办法，促进市场购买生态服务，也可以实现生态补偿，提高生态服务的质量和数量。

生态服务具有多种功能，净化大气环境、固碳释氧等功能是纯公共产品，而生态游憩、积累营养物质等是准公共产品或俱乐部产品，这是基于生态服务功能在空间上的流动规律而形成的生态系统服务功能价值在占有和使用上的分离实现规律。例如，位于河流上游的森林生态系统所提供的涵养水源，含有可调节水流量的利益，但它以河流为通道，实现空间上的流动。由于水电站需要更加均衡的水流量以提高发电效益，农田需要更充足的水用于灌溉以提高产量，城市需要更优质、更充沛的水保证生活和生产用水，以提高城市的生活和生产质量，因而森林生态系统所提供的涵养水源、调节流量的使用价值分别在水电站、农田和城市得以实现，最终产生效益。因此，资源的占有和使用上的分离成为有效保护生态系统的障碍。由于无法从保护中获得利益，资源拥有地区的居民对保护生态失去积极性（郭中伟等，1997）。这正是形成生态系统服务功能公共产品的基本科学基础。而生态系统的另一些服务功能，必须要到实地才能实现和享受，例如生态景观的游憩价值。因此，对生态系统服务功能进行区分，并分析其公共产品特性，是决定采用哪种生态补偿机制的基础。

五、生态补偿的协商机制

生态补偿机制建立的最重要特征是通过确定补偿者与被补偿者，协调和调节生态服务提供者与受益者之间的关系。生态保护的一大难题是保护者往往不是受益者，保护者与受益者不是同一群人，受益者不易逐一确定，很难找到受益者来支付保护成本，即使找到了受益者，受益者也不一定主动给予补偿（洪尚群等，2001），这是公共产品极易出现的"搭便车"的现象。生态补偿的对象、范围、标准和方式的确定，主要以政府决策为主，没有利益相关者参与协商的机制，是当前我国生态补偿存在的主要问题之一（欧阳志云等，2013）。但是关于如何建立生态补偿的协商机制尚未引起高度关注。一方面，当生态服务功能为纯公共产品时，要以政府为主通过税费机制筹集资金，以转移支付的方式提供补偿；另一方面，当生态服务为准公共产品或俱乐部产品时，需要政府建立协商机制，搭建交易平台，为政府与市场、市场内部的协商和交易服务，为双方谈判、补偿的标准和形式的确定提供服务，并降低交易成本，减少协商失败。因此，生态补偿的协商机制的建立很有必要。

六、生态补偿的特许经营机制

特许经营是指政府按照有关法规，通过市场竞争机制选择某项公共产品或服务的投资者或经营者，明确其在一定期限和范围内经营某项公共产品或者提供某项服务的制度[①]。特许经营可以较好地体现政企、事企分开的模式，同时也可以提高服务的质量和投资效益。国外早已制定特许经营的相关法规，我国直到2007年才颁布《市政公用事业特许经营办法》。

1965年，美国国会针对国家公园的管理经营活动通过了《特许经营法》，该法案要求在国家公园体系内实行特许经营制度，即公园内的餐饮、住宿等旅游服务设施向社会公开招标经营，并按收入的相应比例上缴财政。目前，美国国家公园管理局特许经营项目直

---

① 市政公用事业特许经营管理办法，2007-5-1，http://www.cin.gov.cn/zcfg/jsgz/200611/t20061101_4884.htm.

接管理着 130 个国家公园的 591 个特许经营合同(张晓，2006)。

由于政策法规滞后，1994 年颁布的《中华人民共和国自然保护区条例》仅有第 5 条提及"建设和管理自然保护区，应当妥善处理当地经济建设和居民生产生活的关系"。2004 年颁布实施的《行政许可法》第 12 条规定，"有限自然资源开发利用、公共资源配置以及直接关系公共利益的特定行业的市场准入等，需要赋予特定权利的事项，可以设定行政许可"(刘宁和李文军，2009)。直到 2007 年颁布实施的《市政公用事业特许经营办法》才为自然保护区特许经营提供了一些机遇。

到目前为止我国仍然没有自然保护区以及风景名胜区等相关保护地的特许经营法规。早期，我国自然保护区生态旅游项目、景区建设和经营管理大多由保护区管理局或政府公司承担，近 10 年来各地的自然保护区以及风景名胜区的旅游项目、景区建设已普遍引入私营企业和国有企业建设、经营和管理，方式多种多样，既为景区设施增加了投资，提高了服务质量，也为保护区增加了收入。同时由于没有相关法规，各地各种所谓特许经营极不规范，出现了各种问题，如，特许经营协议或合同不公开招标，引入的企业对自然保护不重视，具有行政级别的国有企业以经营取代管理等。自然保护区既承担着提供生态服务、保护生态系统和物种等公共产品的职能，又承担着提供科普教育、生态旅游等准公共产品的职能。早期的保护区管理局建设经营的旅游景区大多失败，单一的管理者同时履行两种职责并不成功。在自然保护区通过特许经营引入私人资本，资本的追逐利润的取向有助于向游客提供更高质量的服务，管理机构通过对特许经营企业的监督和惩罚，防止经营活动对自然保护区的破坏(刘宁和李文军，2009)。

目前国内对自然保护区生态旅游特许经营的研究不多，更没有上升到政策研究和法规制定，严重制约自然保护区双重功能的发挥和规范有效管理。生态旅游特许经营，通过生态服务付费，将为自然保护区生态补偿机制的建立创造新的机遇。

七、野生动物肇事补偿机制

野生动植物种类和原生生态系统大多数保存在自然保护区内，与一般生态区域相比，动物种群数量相对较大，当其种群数量超过保护区承载能力时，野生动物会去保护区外觅食，引起农作物和经济作物损害，乃至人身伤害、房屋财产遭受破坏的事件发生，产生负外部性，这在一般生态区域是比较少见的。相对于经济活动的外部性问题，自然生态系统也存在外部性问题，自然保护区自然生态系统产生的外部性既有正外部性，也有负外部性。

随着人类活动空间的扩大，野生动植物栖息地遭到的破坏前所未有，总体来看，野生动物种类大大减少、种群数量下降、分布范围变窄，在一般地区已很难见到野生动物。但是，自然保护区保存的原生生态系统结构相对复杂、功能相对稳定、食物链相对完整，成为野生动物最好的栖息地和避难所，很多物种只能在自然保护区见到。云南省森林覆盖率由 2002 年的 49.91%增加到 2012 年的 52.93%(2019 年为 62.4%)，生态环境明显改善，野生动物种群数量明显增加。例如，西双版纳国家级自然保护区内的亚洲象从 2001 年的 150 头增加到 2012 年的 250 头(2019 年为 300 头)，昭通大山包国家级自然保护区的黑颈鹤从 1994 年的 200 只增加到 2012 年的 1068 只，高黎贡山国家级自然保护区的羚牛从 20 世纪

80 年代的 900 头增加到 2012 年的 3000 多头，白马雪山国家级自然保护区的滇金丝猴从 20 世纪 80 年代的 900 只增加到 2012 年的 1500 多只。随着野生动物种群数量的增加和人类人口增长，人与野生动物的矛盾加剧。野生动物因数量增加、食物短缺，只好到保护区外觅食，造成野生动物肇事事件增多。

2006～2010 年，我省野生动物肇事造成人员伤亡 563 人，其中：死亡 50 人，伤 513 人。造成财产损失 25167 万元，其中：2006 年 4480 万元，2007 年 4980 万元，2008 年 5542 万元，2009 年 5514 万元，2010 年 4651 万元。这些事件主要发生在西双版纳、普洱、保山、怒江、德宏、迪庆等边疆少数民族地区的自然保护区周边，其中以西双版纳、普洱最为严重。主要肇事动物为亚洲象、黑熊、野猪、鸟类等。野生动物肇事不仅成为当地群众反映强烈、社会关注的热点问题，也成为影响政府形象和边疆地区稳定的政治问题。

根据《野生动物保护法》，野生动物肇事补偿由地方政府承担。由于云南省财力有限，"十一五"期间，共筹集到肇事补偿经费 9984 万元，补偿比例仅为 35.34%。为解决政府补偿经费少、补偿标准低和赔偿不及时的问题，云南省林业厅开始探索商业保险解决补偿问题，2009 年 3 月，南滚河国家级自然保护区沧源管理局筹资 7.8 万元，为保护区周边 5 个乡(镇)购买了首份野生动物肇事保险合同，即 2009 年 4 月 1 日至 2010 年 3 月 31 日期间，凡在保护区周边 5 个乡(镇)范围内因野生动物肇事造成的损失，均由保险公司按合同约定的标准进行理赔，累计赔偿最高限额为 60 万元。

2009 年 11 月，经云南省林业厅与太平洋保险公司云南分公司协商，西双版纳国家级自然保护区管理局与中国太平洋保险公司云南分公司西双版纳支公司签订了 2010 年度亚洲象公众责任保险合同，由西双版纳国家级自然保护区管理局出资 285 万元，为西双版纳州范围内的群众购买了亚洲象公众责任保险，即 2010 年 1 月 1 日至 2010 年 12 月 31 日期间，凡在西双版纳州范围内，因亚洲象造成的财产损失和人身伤害均由保险公司按合同约定的标准进行赔偿，累计赔偿限额为 3000 万元。在总结两个试点的基础上，2011 年，野生动物肇事公众责任保险扩大到普洱市，西双版纳州从亚洲象扩大到所有国家重点保护的野生动物，2012 年继续扩大到保山市、迪庆州。目前已在云南 5 个州(市)18 个(县、市)区实施，省委省政府决定，2013 年实现重点保护野生动物肇事公众责任保险全省全覆盖。

从试点的情况看，2010 年度西双版纳亚洲象公众责任保险范围内，共发生保险赔案 275 起，受灾群众共 3695 户，定损金额 416.20 万元，结案率 100%，实际赔付 414.22 万元，免赔金额 1.99 万元。比较当时同时进行的补偿国家林业局补偿试点、省政府赔偿和商业保险三种方案，商业保险赔偿标准最优。例如，人员死亡的赔付标准为：地方为 5 万元，国家为 8 万元，商业保险为 20 万元。稻谷损害的赔付标准为：地方为 120 元/亩，国家为 240 元/亩，商业保险为 400 元/亩。由此可见，商业保险损失赔偿标准提高了 2～4 倍，更接近群众的直接损失。同时及时定损当月赔付，提高了理赔效率，最重要的是减少了政府与群众的矛盾，提升了政府执政为民的形象。

第四节　完善自然保护区生态补偿机制的对策建议

一、制定专门的生态补偿法规

生态补偿作为调节经济活动外部性和生态系统外部性的重要经济手段，其必要性和重要性已经得到各级政府、专家学者、相关企业和社会公众的普遍认可，国际国内在理论研究、实践探索、政策制定等方面取得了很多研究成果和成功经验。十八大明确提出了要"深化资源性产品价格和税费改革，建立反映市场供求和资源稀缺程度、体现生态价值和代际补偿的资源使用制度和生态补偿制度"。因此，起草制定生态补偿专门法规的条件基本成熟。

鉴于目前已有法规涉及生态补偿法规没有专门条款，而生态补偿涉及资源开发、利用、加工、消费和生态保护、建设、恢复、修复的方方面面，国家和省（区、市）都没有专门的生态补偿法规，于是 2010 年国家发改委已开始启动相关准备工作，全国人大环资委也已开展自然保护区法的立法工作，由于种种原因目前未能完成。笔者建议：一是国家发改委联合国务院法制办，从协调生态资源消耗、生态空间的占用与生态系统保护、生态空间的建设角度出发，以提升生态系统服务功能，减少生态赤字为目标，由国务院制定《生态补偿条例》，将自然保护区作为条例的主要补偿对象进行规定；二是尽快修订自然保护区条例或将自然保护区条例上升为《自然保护区法》，增加生态补偿条款。

生态补偿条例或自然保护区法的生态补偿条款应当包括以下几个主要方面：一是明确生态补偿的主体和客体。根据经济活动和生态系统的外部性以及生态补偿的六条原则，主体主要包括当代直接和间接使用者、受益者、破坏者以及代表后代人利益的政府，客体主要包括生态系统本身和生态系统的保护者、建设者、受伤害者。二是明确生态补偿的财税机制。三是明确生态补偿标准计算的科学方法。鉴于目前生态补偿标准混乱带来的各种矛盾，建议进一步规范生态补偿核算的方法，从已有的国际国内各种研究成果和我们的计算实践看，机会成本法和生态服务功能价值法较为客观、科学，可以作为生态补偿的参考标准。四是对于产权明晰、补偿者和受益者相对简单、易于界定的生态补偿，要在条例中为其生态补偿的市场机制、协商机制和特许经营机制留有空间并给予鼓励，以解决生态补偿政府资金不足的问题。五是要将野生动物肇事补偿纳入政府补偿的重要内容。随着生态环境的改善，生态服务功能的提高，生态效益受益的人将更多，也会带来生态系统负外部性的问题，既要从技术角度解决，也要通过赔偿机制解决偶然发生的野生动物肇事问题。

二、构建多渠道生态补偿投入机制

根据《立法法》的规定，我国现行法规制定除了"纳入同级财政预算和社会经济发展规划"的提法外，不能直接涉及财税制度。而没有资金来源，生态补偿机制的建立和完善将成为"无源之水"，因此，需要政府进一步制定相应的生态补偿财税机制方面的政策。

根据生态系统服务功能空间流动规律和生态系统外部性理论，以及生态系统的不同功能，受益和影响范围大多超出其本身的地理和行政空间范围，有些功能具有国际性和全球性影响，例如净化空气、吸收二氧化碳和物种基因保育，需要国际社会共同采取行动，建立全球性政府基金，对提供这些全球性生态服务给予补偿；有些功能具有区域性影响，例如水资源通过森林、湿地涵养水源和水质净化进入萨尔温江、怒江、澜沧江、红河四大国际河流，应建立中国-东盟框架内的政府间专项资金，用于生态补偿；有些功能超出省级、州市级、县级和乡镇行政区域界线，除了各级政府履行相应职责外，需要上一级政府进行协调并出台相应的财政和税费政策。因此，生态补偿的投入机制要与生态服务功能的空间流动规律相适应，需要建立国际、国家和省级乃至省级以下各级政府共同履行职责的资金投入机制。

大多数情况下，生态服务功能和生态效益的受益者难以界定，过去补偿资金来源利用市场机制难以实现，采用庇古税的手段解决相对成本较低、效率较高。尽管目前有相关的规费，如污染费等，但基本上没有直接的生态税。在当前新开征生态税极为困难的情况下，可以将有关税费进行调整，从生态足迹理论出发，进一步核算不同行业、不同产业的生态足迹，进行资源性产品的价格和税费改革，建立资源有偿使用和消费制度。有些生态服务功能的相关利益群体较容易界定，例如水源涵养和净化、生态系统游憩功能，可以通过一对一的交易方式，进行招标拍卖、特许经营等市场机制实现生态补偿的资金筹集。当前，生态环境问题早已引起国际国内的企业和个人的广泛关注，西方发达国家企业和个人捐助早已成为生态环境保护的重要资金来源，国内企业和个人近年来也已开始积极捐助生态环境保护，社会捐助具有不可忽视的潜力。因此，建立政府为主导，市场与社会捐助相结合的多元化资金投入机制，将为生态补偿机制的稳定持续健康发展奠定基础。

三、积极推进生态产权制度建设

近年来开展的集体林权权制度改革，按照"明确林地使用权和林木所有权、放活林地经营权、落实林木处置权、保障业主收益权"的总体要求，原来未明确到农户个人的集体林，90%以上已经将林权证发放到农户个人。云南省自然保护区的集体林权制度改革也已同时完成，这不但为林农发展经济林注入了新的活力，也为公益林生态补偿直接发放到农户个人创造了条件，植树造林和保护森林的积极性高涨，同时也为生态服务功能的产权明晰奠定了基础。目前，集体林权制度的主体改革基本完成，配套改革正在积极推进，以生态服务功能为主的生态产权制度建设既是林权制度改革的高级形态，也将是我国生态文明制度建设新的切入点，更是生态补偿机制建立和完善的重要支撑。

近年来，碳汇交易已成为国际热点，也成为应对气候变化的重要措施之一。尽管欧盟碳汇交易遇到了困难，但是我国碳汇交易还刚刚起步，按照国际碳汇交易的规则，我国碳汇交易难以达到标准，节能减排不仅是国际责任和义务，同时转变经济发展方式、提升经济发展质量、改善生态环境也是我国社会经济可持续发展的自身需要，因此，建立适合中国国情的国家碳汇交易体系，应当成为建立和完善生态补偿机制的重要内容之一。

涵养水源和净化水质是生态系统服务中较为容易界定利益相关群体的功能之一。水权交易是国际上成功案例较多的生态补偿机制，我国浙江金华江、广州市以及云南省文山老君山自然保护区等都成功地进行了水资源生态补偿，水权交易是具有最大潜力的市场机制生态补偿领域。但是，目前尚未将水权上升到生态服务功能的生态产权高度，从而影响了清洁水质提供者的积极性。特别是云南省处于大江大河的上游或源头，在水权交易方面大有潜力。因此，积极推进以生态系统服务功能为基础的水权制度建设，是生态产权制度建设的突破口之一。

生态系统具有多种服务功能，可以将空间流动范围较小，利益相关群体较易界定的功能作为生态产权制度建设的切入点，积极开展试点改革，逐步推广和深化，建立以林权为基础、以生态服务功能为主的生态产权制度建设，明晰生态产权，对于促进补偿者和受偿者的市场交易和协商具有划时代的重要意义，对于完善生态补偿机制将产生深远影响。

四、建立和完善生态补偿评价制度

生态补偿对生态系统结构、功能和生态效益、对受偿者产生的经济贡献，不但受到补偿者的关注，也受到社会的关心。建立生态补偿评价制度是生态补偿机制的重要组成部分，但是，现有的生态补偿项目和实践案例，生态补偿的评价制度大多并不完善，对补偿项目的继续实施产生了严重影响，这也是退耕还林、天然林保护一期工程结束后，二期工程发生重大改变的原因之一。

生态补偿评价制度包括两个方面，一方面要建立以森林资源连清重要样地为基础，以生态定位监测站点为支撑，以生态服务功能及其价值评价为主的生态效益监测评估体系，通过评估和监测各地生态服务功能及其动态变化，将生态环境质量和生态服务功能的提高或下降作为生态补偿费增加和减少的依据，这一体系既要为政府提供决策依据，建立与生态补偿机制相适应的公共财政机制，也为市场和社会捐赠提供科学、客观和公正的服务。另一方面要建立以现有的财政税收统计制度和农村经济抽样调查为基础，结合生态空间变化监测，反映限制开发区和禁止开发区地方政府和居民的机会成本的生态损失监测制度，进一步完善中央和地方财政的生态补偿转移支付。

五、促进生态经济协调发展的建议

在整个国土空间格局中，一方面，国土空间可以分为生产、生活和生态空间相互影响、相互制约的三个部分；另一方面，国家将其划分为重点开发、优化开发、限制开发和禁止开发四类，自然保护区仅仅是生态空间和禁止开发中的一部分，但也是最为重要的部分。自然保护区的空间保护和生态补偿机制的建立仅仅依靠自然保护区管理部门本身是难以实现的，它需要整个社会生态文明理念的树立、国土空间的整体规划、其他类型生态系统的保护和修复、以及地方政府政绩考核体系的建立。十八大和十八届三中全会提出了一系列建立生态文明制度体系的重大举措，云南省委省政府作出了争当全国生态文明排头兵的决定。因此，只有在更加广泛的领域和生产、生活和生态各个环节，加强生态经济协调发展，才能保障自然保护区生态补偿机制的有效建立，真正实现自然保护区的有效保护的目标，为此建议采取以下对策措施。

(一)树立"产品生态化、生态产品化"理念

按照"生态建设产业化、产业建设生态化"的思路，促进生态与经济融合发展，以"产品生态化、生态产品化"为目标，一方面，积极推进粮食等农产品、木材等林产品的生态友好型生产、环境友好型加工、资源友好型消费，保障产品生态安全，促进资源能源节约，减少产品生产、消费挤占生态空间，实现产品生态化；另一方面，以林权制度改革为基础，改革自然资源资产管理制度和自然资源监管制度，积极探索以碳排放权、排污权、水权和生态景观权为主的生态产权制度改革试点，明晰和界定生态系统八大生态服务功能的作用范围，促进生态服务有偿使用，实现生态服务功能的生态产品商品化。

(二)划定生态红线，优化国土生态空间

生态文明的进步，一方面，自然资源和能源的生产和消费方式不同，占用生态空间大小不同，影响生态容量大小，因此，经济结构和发展方式的转变，对生态文明建设具有决定性作用。资源和能源的生产消费占用生态空间，形成生态足迹。另一方面，通过保存现有天然森林、湿地，改造低产、低效森林、湿地，修复部分结构、功能受到破坏的生态系统，建设恢复遭到整体性、区域性破坏的生态系统，提高生态容量，扩大生态空间，提高生态系统的环境承载力，可以容纳更多生产、生活项目。因此，通过划定森林、湿地生态红线，合理规划生产、生活、生态空间，促进生态文明建设。

(三)实施生态保护修复重大工程

(1)严格保护现存森林生态系统。通过提高国家级和省级公益林补偿标准、加大对保护区等各类保护地的严格保护，保护好现存的原生森林生态系统和重点生态区位的森林，确保森林面积不减少、生态服务功能自然提升。

(2)提升低效森林生态服务功能。以混农林技术为主要方式，积极探索提升橡胶、核桃等经济林生态服务功能。通过森林抚育和低质低效林改造，提高森林质量、提升低效自然和人工森林的生态服务功能。

(3)修复重点区域森林生态系统。积极开展高寒山区、干热河谷和石漠化地区生态恢复技术研究，加大对"三区一地"，特别是生态区位重要、水土流失严重区域坡耕地进行生态治理，加大城镇面山，铁路、等级公路等重要通道面山，江河两岸，湖、库周围及水源涵养区的防护林建设。

(4)发展林业产业和农村能源。通过发展木本油料、林下养殖规、竹藤产业、速生丰产、珍贵用材林、观赏苗木、森林生态旅游等产业，发展农村能源，保障农村社会经济发展，减少森林资源低价值消耗，减少森林生态系统破坏，保障生态建设成果。

(5)防控森林灾害。加大森林火灾、有害生物防控，减少自然灾害对森林生态系统的直接损害。

(四)建立科学的生态文明考核评价体系

2009 年以来，国内学者先后发布了两个省域生态文明评价体系，分别偏重生态足迹或者社会经济各个方面，未能科学地评价生态文明程度。一是应借鉴生态足迹和生态承载力研究成果，建立以生态效率为基础的生态文明考核评价体系，改变以 GDP 论英雄的政绩考核体系，这成为当前生态文明制度建设的紧迫任务。二是建立以生态服务功能评价为基础、以生态定位监测为科技支撑的生态效益动态监测评价体系，完善公益林森林生态补偿和生态功能区生态转移支付制度，促进地方政府和农民群众保护和建设生态的积极性，建立生态文明建设的激励机制。

第十章 结论与展望

当前，我国已进入生态文明建设的新阶段，中央和省级生态补偿的政府机制已初步建立，市场机制仍处于探索阶段，社会补偿机制方兴未艾。建立生态补偿标准确定和资金来源的技术方法，建立和完善法规、财税等机制，对于完善政府补偿、建立市场补偿、促进社会补偿，建立生态建设的长效化、常态化的生态补偿机制，具有重要的意义。

第一节 结 论

(1) 自然保护区边界明确、功能突出、法规健全，应当率先建立生态补偿机制。自然保护区生态补偿机制的建立对于国家公园、森林公园、湿地公园等保护地乃至国家和省级主体功能区生态补偿机制的建立都具有重要的借鉴意义，对于完善当前国家正在实施的天然林保护工程、退耕还林工程、生态公益林生态补偿以及中央财政国家重点生态功能区转移支付等政策具有同样的借鉴意义。

(2) 自然保护区是生态补偿机制构建的重点。云南省 56 个国家级省级自然保护区生态服务功能价值评估，是全国首次开展的省级行政区域系统评估，全省 56 个自然保护区 2010 年森林生态系统服务功能价值 2009 亿元。云南省自然保护区以 5.7% 的全省总面积，提供了全省 19.6% 的森林生态系统服务功能价值，相当于云南省 2010 年 GDP 的 27.8%。自然保护区成为生态保护最为成功的方式，在生态建设保护和生态文明建设中，应当将自然保护区生态补偿机制的建立和完善放在首要位置。

(3) 全省自然保护区森林生态系统六大生态服务功能分别发挥的作用和所占比例差异较大。其中，生物多样性保护价值最大，占云南省自然保护区森林生态服务功能总价值量的 37.58%，涵养水源和保育土壤的功能占云南省自然保护区森林生态服务功能总价值量的 26.82% 和 24.58%，固碳释氧和净化大气占云南省自然保护区森林生态服务功能总价值量 10%。固碳释氧和净化大气功能具有纯公共产品的特性，只有通过政府主导的生态税收才能实现其价值；涵养水源、净化水质和生态景观价值，具有纯公共产品和准公共产品的双重特性，可以通过市场机制下直接收费协商交易。

(4) 不同森林类型提供的生态服务功能价值不同。云南省自然保护区森林生态服务价值方面：天然林高于人工林、混交林高于纯林、近成过熟林高于中幼林、密林高于疏林、陡坡高于缓坡、上坡位高于下坡位等特征；单位面积价值较高的区域主要集中在滇西、滇南地区，呈现出西部高，自西北到西南、自西向东逐步降低的空间分布格局。进一步提高云南的森林生态服务功能，应加大原始森林的保护力度，减少人为干扰，促进人工林、纯林向天然林、混交林转变,以提高生态系统稳定性。

(5)云南省自然保护区 2010 年每公顷森林生态系统服务功能价值为 12.31 万元,为全国平均值(4.26 万元)的 2.9 倍,为全省平均值(5.06 万元)的 2.4 倍。单位面积生态服务功能价值的评估,为自然保护区生态补偿标准确定提供了科学依据,可以作为最高标准,为直接利用自然保护区生态服务功能的旅游、交通、城市供水和水电等产业生态补偿提供协商依据。

(6)云南省自然保护区内仍有大量居民和集体林地,必须制定科学的生态补偿标准。全省自然保护区内集体林地 $81.42 \times 10^4 hm^2$,按照木材价值的机会成本为 371.28 亿元,平均价值为每公顷 4.56 万元。在目前国家财政难以支撑生态移民和林地赎买的情况下,按照机会成本提高生态补偿标准,成为当前保护自然保护区内生态系统和珍贵物种的现实选择和有效途径。根据以上计算结果,以生态服务功能价值为最高标准、以木材机会成本为最低标准的云南省自然保护区生态补偿标准,分别为 8200 元/(年·亩)、3020 元/(年·亩)。

(7)地方政府因划定自然保护区损失了经济发展机会,应当完善财政生态补偿转移支付制度。按照木材价值,全省自然保护区的机会成本为 735.13 亿元,特别是怒江州、迪庆州和西双版纳州,自然保护区面积较大,分别占地方面积的 32.37%、28.15%和 26.91%。全省有 22 个县自然保护区占地方面积 10%以上。对这些州(市)、县(市、区),按照国家和省级财政事权划分应当给予更多的生态补偿,并根据生态服务功能的动态变化,调增或调减对政府的转移支付资金,激励各地保护生态环境,提高生态服务功能的积极性,完善政府财政生态补偿转移支付制度。

(8)首次提出了以生态足迹理论为基础的生态税费机制和税率标准计算方法。通过生态足迹的计算,可以衡量不同生产消费方式对生态环境的影响程度,确定生态税费税率标准,调整现行税费、建立生态税费机制,为生态补偿长效机制的建立提供资金保障。间接享受生态服务功能的企业、个人、区域和产业,应当按照生态足迹和生态赤字不同水平,从消费税或资源税等现行税种中整合提取一部分作为生态税,用于生态系统的保护、建设、恢复和修复,提升生态服务功能,提高生态产品的供给能力。直接享受生态服务功能、利益相关群体容易界定的水源涵养、水质净化和生态旅游等生态服务,可以参照生态服务功能价值和机会成本,通过特许经营的开发公司,通过协商或一对一的市场交易,建立生态服务付费机制。

(9)自然保护区生态补偿机制的建立,应当遵守"谁破坏谁付费"原则(PPP)、"谁受益谁付费"原则(BPP)、"政府代表"原则(GRP)、"谁保护谁受益"原则(PGP)、"谁使用谁交费"原则(UPP)和"谁受伤害谁得赔偿"原则(IGCP),同时发挥政府、市场和社会三种资源的作用,分别建立政府主导、市场主导和社会捐赠三种机制。无论哪种机制,都需要政府尽快修订现行相关法规增加生态补偿条款或制定专门的生态补偿法规和相应的配套政策。

(10)完善自然保护区生态补偿机制,必须整合现有的各种补偿政策。自然保护区生态补偿机制的建立,应当整合现有的各种补偿政策,以自然保护区内集体林地为依据,以保护区内居民为对象进行补偿。依据生态服务功能价值和机会成本核算的最高和最低标准,保障居民的生活、生产,减少对自然保护区珍稀动植物和原生生态系统结构功能的破坏。

同时，根据自然保护区占用县、乡、村行政区域的国土面积比例、提供的生态服务功能价值大小，确定转移支付资金额度。

(11)生态服务功能及其价值的空间流动理论应作为构建自然保护区生态补偿机制的理论依据。本书首次提出了生态系统服务功能的外部性理论，为生态功能区的特性以及确定补偿机制类型提供了依据，首次阐述了生态服务功能及其价值的空间流动理论，为确定不同生态功能的服务范围、利益相关群体分析和补偿机制奠定了科学基础。这两个理论是以往生态补偿机制的研究文献所未提及的，对于完善生态补偿理论具有重要的科学价值，并对生态补偿政策制定具有重要的应用价值。

第二节　展　　望

本研究的主要成果已被最近通过的《云南省湿地保护条例》和《云南省生态文明建设林业行动计划》直接采纳和应用，但是，由于时间、能力和水平所限，还有很多问题需要更多的相关专家和政府部门进一步研究、探索：

(1)生态补偿是我国当前经济社会发展阶段和人口密度以及林农交错条件下的现实选择，是保护生态系统、增加生态容量和扩大生态空间的重要途径。当我国经济发展达到一定水平、财政收入增加和物权法进一步完善时，采取生态移民或林地赎买的方式，才能根本解决保护区内居民与自然保护区的矛盾。

(2)中共十八大提出的"深化资源产品价格和税费改革，建立反映市场供求和资源稀缺程度、体现生态价值和代际补偿的资源有偿使用制度和生态补偿制度"，为我们提出了更加紧迫和艰巨的任务，需要我们突出重点、突破难点，在生态服务税费机制和生态补偿机制方面尽快取得进展，为实现这一目标提供科学的政策依据，自然保护区生态补偿机制的建立和完善为此找到了切入点。

(3)生态服务功能及其价值评估和机会成本核算，为生态补偿标准的确定提供了重要的科学基础。从生态服务价值法的角度看，生态补偿的标准应当是人工增值贡献部分的生态服务功能价值，但是由于技术方法的限制，目前不能将自然增值部分和人工增值共贡献部分区别开来。从成本法的理论角度看，生态补偿的标准应当包含生态保护和建设的直接投入与机会成本之和，但由于不同生态系统类型，其建设成本不同，核算极为复杂，加之目前有专项的生态建设工程，因此，机会成本应当是最低标准。

(4)生态服务功能和机会成本的分流域计算工作，将为云南省六大国际国内河流水电站建设的生态补偿提供协商和决策依据，也将为协调云南与周边国家，特别是大湄公河流域国家的生态安全和外交关系提供决策依据，这也将是下一步工作的重点。

(5)自然保护区特许经营，已成为国际上通行做法，我国各地保护区已经很普遍，但是不规范，有必要认真总结各地的经验教训，借鉴国际经验和法规，制定适合国情的自然保护区特许经营法规，这对于促进生态保护与服务公众，促进政企、事企分开的管理体制改革，都具有重要的意义，也是我们下一步深入研究的课题之一。

(6)生态税费制度的建立，是建立生态补偿长效机制的根本资金保障。生态税收政策的制定，一方面，增加税种或增加税率会遭到社会公众的普遍反对，调整和改革现有税种将是可取的方向；另一方面，涉及国家层面的税收政策的调整，仅仅靠自然保护区主管部门或一个省是难以解决的，需要政府综合协调。本研究虽然为生态税费制度的建立提出了以生态足迹为基础的生态税费征税标准的核算方法，但还需要进一步对不同产业的生态足迹进行计算，以确定不同产业的生态税率，并在不同的代表性地区进行试点研究和实践，以便进一步完善，这将是我们下一步的研究方向。

(7)生态补偿机制的建立、完善和持续，需要建立有效的绩效考评机制，虽然本研究提出了以生态服务功能价值评估为基础的财政转移支付核算办法和生态补偿绩效考核方法，但还需要加快建立以森林资源清查样地为基础、以生态定位监测站点为支撑的生态功能动态监测体系，制定监测技术标准，建立以生态效益为主的生态补偿绩效考核机制。

(8)国际国内的碳汇交易、水权交易为生态产权制度建立提供了实践经验，随着林权制度主体改革的完成，以林地、林木为依托的生态产权制度建设将成为生态补偿机制建立和完善的新动力。

(9)人们日益增长的生态环境需求与生态产品供给不足的矛盾已成为部分地区的主要矛盾，加强生态产品供求理论、生态服务功能空间流动规律和生态系统外部性理论以及生态损失的评估技术的研究，对于完善生态补偿机制，建立新时期生态经济学理论和方法体系，具有重要的科学意义。

参 考 文 献

白宇，2011，衡水湖湿地自然保护区生态补偿机制研究[D]. 石家庄：河北科技大学.

彼得·巴特姆斯.2010.数量生态经济学[M].齐建国，等译.北京：社会科学文献出版社.

蔡海生，肖复明，张学玲.2010.基于生态足迹变化的鄱阳湖自然保护区生态补偿定量分析[J].长江流域资源与环,(6):623-627.

陈成忠.2009.生态足迹模型的多尺度分析及其预测研究[M].北京：地质出版社.

陈花丹，赵敬东，何东进，等.2013.天宝岩自然保护区森林生态系统服务功能价值评估[J].北华大学学报（自然科学版），
　　（4）:465-471.

陈敏，王如松，张丽君，等.2006.中国2002年省域生态足迹分析[J].应用生态学报,17(3):424-428.

陈艳霞.2012.深圳福田红树林自然保护区生态系统服务功能价值评估及其生态补偿机制研究[D].福州：福建师范大学.

陈仲新，张新时.2000.中国生态系统效益的价值[J].科学通报,19(1):17-22.

戴广翠，张蕾，李志勇，等.2012.壶瓶山自然保护区生态补偿标准的调查研究[J].湖南林业科技,39(4):4-9.

邓永红.2006.大围山自然保护区森林生物多样性生态服务功能评价[J].林业调查规划,(5):92-96.

丁任重.2009.西部资源开发与生态补偿机制研究[M].成都：西南财经大学出版社.

丁四保，王昱.2010.区域生态补偿的基础理论与实践问题研究[M].北京：科学出版社.

丁四保.2008.主体功能区的生态补偿研究[M].北京：科学出版社.

董骁勇，刁云飞.2013.丰林自然保护区不同林分类型森林生态系统服务功能价值的研究[J].林业科技,(1):35-39.

杜丽娟，王秀茹，王治国.2008.生态补偿机制现状及发展趋势[J].中国水土保持科学,6(6):120-124.

冯艳芬，刘毅华，王芳，等.2009.国内生态补偿实践进展[J].生态经济,(8):85-88.

冯艳芬，王芳，杨木壮.2009.生态补偿标准研究[J].地理与地理信息科学,25(4):84-88.

郭辉军，施本植，华朝朗.2013.自然保护区生态补偿标准与机制研究——以云南省为例[J].云南社会科学,(4):139-144.

郭辉军，施本植.2013a.自然保护区生态补偿机制研究[J].经济问题探索,(8):135-142.

郭辉军，施本植.2013b.基于生态足迹的生态税费机制探讨[J].学术探索,(9):39-43.

郭辉军，司志超，赵元藩，等.2011.云南省自然保护区2010年报（专刊）：云南省自然保护区森林生态系统服务功能价值评
　　估报告[R].云南省林业厅.

郭辉军.2012.云南省森林生态系统服务功能价值评估情况通报[J].云南林业,(4):10-11.

郭辉军.2013.完善生态补偿机制的有关问题探讨[J].云南林业,34(5):50-55.

郭日生.2009.生态补偿原理与应用[M].北京：社会科学文献出版社.

郭雅儒，王振鹏，陈桂萍，等.2011.河北省小五台山国家级自然保护区森林生态系统服务功能价值评估[J].河北林果研
　　究,(2):129-132.

郭中伟，李典谟.1997.生物多样性价值在空间上的流动和过程-效益价值评价法[J].科技导报,(10):58-60.

胡世辉，张力建.2010.西藏工布自然保护区生态系统服务功能价值评估与管理[J].地理科学进展,29(2):217-224.

《环境科学大辞典》编委会.1991.环境科学大辞典[M].北京：中国环境科学出版社.

黄富祥，康慕谊，张新时.2002.退耕还林还草过程中的经济补偿问题探讨[J].生态学报,22(4):471-478.

黄润源.2011.论我国自然保护区生态补偿法律制度的完善路径[J].学术论坛，（12）：181-210.

汲荣荣.2012.民族地区自然保护区生态补偿标准研究——以雷公山国家级自然保护区为例[J].中央民族大学学报,23(2)：74-80.

计金标.1997. 荷兰、美国、瑞典的生态税收[J]. 中国税务，97(3)：62-64.

江秀娟. 2010. 生态补偿类型与方式研究[D]. 青岛：中国海洋大学.

靖晶,高嵩,刘承江.2009.辽宁仙人洞国家级自然保护区森林生态系统服务功能价值评估[J].安徽农学通报(下半月刊),(6):56-58.

亢新刚，陈光清，刘建国.2001.芦芽山自然保护区森林旅游价值评估[J].北京林业大学学报，23(3)：60-63.

孔志峰，高小萍.2011.《生态补偿条例》编制中的若干关键问题探讨[J].行政事业资产与财务，(1)：13-16.

孔志峰. 2007. 生态补偿机制的财政政策设计[J]. 财政与发展，(2)：14-20.

赖力，黄贤金，刘伟良. 2008. 生态补偿理论、方法研究进展[J]. 生态学报，28(6)：2870-2877.

李芬，李文华，甄霖，等. 2010. 森林生态系统补偿标准的方法探讨——以海南省为例[J]. 自然资源学报，25(5)：735-745.

李晖.2006.江西九连山国家级自然保护区生态系统服务功能价值估算[J].林业资源管理,(4):70-73+65.

李坤.2012.福建武夷山国家级自然保护区生态补偿机制研究[D].福州：福建师范大学.

李宁，丁四保，赵伟.2010.关于我国区域生态补偿财政政策局限性的探讨[J].中国人口、资源与环境，20(6)：74-79.

李偲,海米提·依米提,李晓东.2011.喀纳斯自然保护区森林生态系统服务功能价值评估[J].干旱区资源与环境,25(10):92-97.

李文华,李芬,李世东，等.2006.森林生态效益补偿的研究现状与展望[J].自然资源学报，(5):677-688.

李晓光，苗鸿，郑华，等. 2009. 生态补偿标准确定的主要方法及其应用[J]. 生态学报，29(8)：4431-4440.

李晓光. 2009. 机会成本法在确定生态补偿标准中的应用——以海南中部山区为例[J]. 生态学报，29(9)：4875-4883.

李屹峰，罗玉珠，郑华，等.2013.青海省三江源自然保护区生态移民补偿标准[J].生态学报，(3)：764-770.

李长荣. 2004. 武陵源自然保护区森林生态系统服务功能及其价值评估[J].林业科学，40(2)：16-20.

刘宁，李文军. 2009. 地方政府主导下自然保护区旅游特许经营的一个案例研究[J]. 北京大学学报(自然科学版)，45(3)：

    541-547.

刘薇.2005.广西自然保护区生态公益林生态效益补偿机制研究[D].南宁:广西大学.

刘玉龙. 2007. 生态补偿与流域生态共建共享[M]. 北京：中国水利水电出版社.

龙开胜，陈利根，赵亚莉.2011.基于生态足迹的生态地租分析[J]. 生态学报,31(2)：538-546.

卢艳丽，丁四保. 2009. 国外生态补偿的实践及对我国的借鉴与启示[J]. 世界地理研究，18(3)：161-168.

陆新元.1994.关于我国生态环境补偿收费政策的构想[J].环境科学研究，7(1)：61-64.

陆颖，何大明，柳江，等.2006.云南省15年生态足迹与承载力分析[J]. 中国人口·资源与环境，16(3)：93-97.

曼昆.2001.经济学原理[M].梁小民,译.北京：北京大学出版社.

毛富玲,郭雅儒,刘雅欣.2005.雾灵山自然保护区森林生态系统服务功能价值评估[J].河北林果研究,20(3):220-223.

毛显强，钟瑜，张胜. 2002. 生态补偿的理论探讨[J]. 中国人口·资源与环境，12(4)：38-41.

闵庆文，谢高地，胡聃，等. 2004.青海草地生态系统服务功能的价值评估[J]. 资源科学，26(3)：56-60.

闵庆文，甄霖，杨光梅.2007.自然保护区生态补偿研究与实践进展[J]. 生态与农村环境，23(1)：81-84.

尼可·汉利.2005. 环境经济学教程[M]. 曹和平，等译. 北京：中国税务出版社.

欧阳志云，郑华，岳平.2013.建立我国生态补偿机制的思路与措施[J]. 生态学报，33(3)：686-692.

彭诗言. 2009. 生态补偿机制的国际比较[J]. 特区经济，(5)：23-24.

彭子恒,王怀领,王宇欣.2008.井冈山国家级自然保护区森林生态系统服务功能价值测度[J].林业经济问题,(6):512-516.

戚继忠,张吉春.2004.珲春自然保护区生态评价[J].北华大学学报(自然科学版),(5):453-457.

乔光华,王海春,韩国栋,等.2005.达里诺尔国家级自然保护区游憩服务功能价值评估[J].绿色中国,(12):53-55.

秦红艳，康慕谊. 2007. 国内外生态补偿现状及其完善措施[J]. 自然资源学报，22(4)：557-567.

秦万象，林毅，熊奎山. 2000. 祁连山自然保护区森林生态系统功能经济价值评估[J].甘肃林业科技，25(3)：30-31.

秦中云.2006.壶瓶山国家级自然保护区生态效益分析与评价[D].北京：北京林业大学.

曲顺兰，路春城. 2004. 用科学发展观构建我国生态税体系[J]. 税务研究，15(12)：16-21.

任勇，冯东方，俞海. 2008. 中国生态补偿理论与政策框架设计[M]. 北京：中国环境科学出版社.

沈满洪，陆箐. 2004. 论生态保护补偿机制[J]. 浙江学刊，(4)：217-220.

沈庆仲. 2011. 西双版纳自然保护区生态旅游实践与思考[J]. 环境保护，(10)：54-56.

石冠红,李培学,哈登龙,等.2013. 鸡公山自然保护区森林生态系统服务功能价值评估[J].安徽农业科学,399(2):652-654.

司言武. 2009. 环境税经济效应研究[M]. 北京：光明日报出版社.

孙新章，谢高地. 2006. 中国生态补偿的实践及其政策取向[J]. 资源科学，28(4)：25-29.

谭秋成. 2009. 关于生态补偿标准和机制[J]. 中国人口·资源与环境，19(6)：1-6.

汤春林. 2009. 我国生态旅游资源保护法律问题研究[D]. 赣州：江西理工大学.

汤姆·泰坦伯格. 2003.环境与自然资源经济学[M]. 严旭阳，等译. 北京：经济科学出版社.

王健民.1997.中国生物多样性国情研究报告[M].北京：科技出版社.

王金南. 2006. 生态补偿机制与政策设计[M]. 北京：中国环境科学出版社.

王蕾,苏杨,崔国发.2011.自然保护区生态补偿定量方案研究-基于"虚拟地"计算方法[J]. 自然资源学报,26(1):34-47.

王亮.2011.基于生态足迹变化的盐城丹顶鹤自然保护区生态补偿定量研究[J].水土保持研究，18(3)：272-275.

王潇，张政民，姚桂蓉，等. 2008. 生态补偿概念探析[J]. 环境科学与管理，33(8)：161-165.

王燕,王艳,李韶山,等.2010.深圳福田红树林鸟类自然保护区生态服务功能价值评估[J].华南师范大学学报（自然科学版),(3):86-91.

王玉涛,郭卫华,刘建,等.2009.昆嵛山自然保护区生态系统服务功能价值评估[J].生态学报,29(1):523-531.

王忠诚,华华,文仕知,等.2012.八大公山自然保护区森林生态系统服务功能价值评估[J].中南林业科技大学学报,32(11):60-66.

温作民. 2002. 森林生态税的政策设计与政策效应[J]. 世界林业研究，15(4)：15-23.

翁海晶.2012.祁连山自然保护区森林生态效益评价与补偿机制研究[D].兰州：兰州大学.

吴菲菲，葛颜祥，王蓓蓓. 2009. 旅游业对上游产业生态补偿机制的研究[J]. 农业现代化研究，30(6)：683-687.

肖玉，谢高地，鲁春霞. 2004. 稻田生态系统气体调节功能及其价值[J]. 自然资源学报，19(5)：617-623.

谢高地，张钇锂，鲁春霞，等. 2001. 中国自然草地生态系统服务价值[J]. 自然资源学报，16(1)：47-53.

谢正宇,李文华,谢正君,等.2011.艾比湖湿地自然保护区生态系统服务功能价值评估[J].干旱区地理,(3):532-540.

辛琨.2009.湿地生态价值评估理论与方法[M].北京：中国环境科学出版社.

邢丽. 2005. 谈我国生态税费框架的构建[J]. 税务研究，(6)：42-44.

许纪泉,钟全林.2006.武夷山自然保护区森林生态系统服务功能价值评估[J].林业调查规划,(6):58-61.

许志晖,丁登山.2006.南昆山国家自然保护区生态系统服务功能价值评估[J].经济地理,26(4):677-680.

闫伟. 2008. 区域生态补偿体系研究[M]. 北京：经济科学出版社.

杨光梅，闵庆文，李文华，等. 2007. 我国生态补偿研究中的科学问题[J]. 生态学报，27(10)：4289-4300.

杨开忠.2009.谁的生态最文明——中国各省区市生态文明大排名[J].中国经济周刊，(32)：8-12.

杨一容. 2009. 基于制度短板的生态旅游资源补偿机制研究[D]. 厦门：厦门大学.

杨志新，郑大伟. 2005. 北京郊区农田生态系统服务功能价值的评估研究[J]. 自然资源学报，20(4)：564-571.

尹连庆，解莉. 2007. 衡水湖湿地生态系统服务功能价值评估[J]. 海河水利，(6)：17-19.

俞海，任勇. 2007. 流域生态补偿机制的关键问题分析——以南水北调中线水源涵养区为例[J]. 资源科学，29(2)：28-33.

俞海，任勇. 2008. 中国生态补偿：概念、问题类型与政策路径选择[J]. 战略与决策，(6)：7-15.

甄霖，闵庆文，李文华，等.2006. 海南省自然保护区生态补偿机制初探[J].资源科学，28(6)：10-19.

翟水晶,胡维平,钱谊.2008. 江苏泗洪洪泽湖湿地自然保护区生态服务功能价值评估[J].生态与农村环境学报,24(1):24-28.

张诚谦. 1987. 论可更新资源的有偿利用[J]. 农业现代化研究，(5)：22-24.

张嘉宾.1982.关于估价森林多种功能系统的基本原理和技术方法的探讨[J].南京林业大学学报，6(3)：5-18.

张建肖，安树伟. 2009. 国内外生态补偿研究综述[J]. 西安石油大学学报(社会科学版)，18(1)：23-28.

张淑华，张雪萍.2010. 扎龙自然保护区生态系统服务价值变化研究[J]. 水土保持研究，14(4)：73-77.

张晓. 2006. 对风景名胜区和自然保护区实行特许经营的讨论[J]. 中国园林，22(8)：42-46.

张一群，孙俊明，唐跃军，等. 2012.普达措国家公园社区生态补偿调查研究[J]. 林业经济问题，(4):301-307.

张治军,唐芳林,朱丽艳,等.2010. 轿子山自然保护区森林生态系统服务功能价值评估[J].中国农学通报,26(11):107-112.

章锦河，张捷，梁玥琳,等.2005. 九寨沟旅游生态足迹与生态补偿分析[J]. 自然资源学报,20(5):735-744.

章锦河，张捷.2004.旅游生态足迹模型及黄山市实证分析[J]. 地理学报,59(5)：763-771.

章锦河，张捷，梁玥琳，等. 2005. 九寨沟旅游生态足迹与生态补偿分析[J]. 自然资源学报，20(5):735-744.

赵翠薇，王世杰.2010.生态补偿效益、标准-国际经验及对我国的启示[J].地理学报，29(4)：597-606.

赵海珍，李文华，马爱进，等. 2004. 拉萨河谷地区青稞农田生态系统服务功能的评价——以达孜县为例[J]. 自然资源学报，19(5)：632-636.

郑海霞，张陆彪.2006. 流域生态服务补偿定量标准研究[J]. 环境保护，(1A)：42-45.

智颖飙，韩雪，吴建军. 2009.洪泽湖湿地生态系统服务功能货币化评价[J]. 安徽大学学报(自然科学版)，33(1)：90-94.

中国21世纪议程管理中心. 2009. 生态补偿原理与应用[M]. 北京：社会科学文献出版社.

《中国森林生态服务功能评估》项目组. 2010. 中国森林生态服务功能评估[M]. 北京：中国林业出版社.

中国生态补偿机制与政策课题组. 2007. 中国生态补偿机制与政策研究[M]. 北京：科学出版社.

钟学斌，喻光明，何国松. 2005. 九宫山自然保护区森林植被生态服务功能经济价值[J]. 咸宁学院学报，25(6)：92-97.

周晓唯.2007.论生态补偿制度的构建[J].思想战线，(5)：67-72.

朱桂香.2008.国外流域生态补偿的实践模式及对我国的启示[J].中州学刊,(5):69-71.

朱再昱,陈美球,吕添贵，等.2009.赣江源自然保护区生态补偿机制的探讨 [J].价格月刊，(11)：83-87.

庄国泰，高鹏，王学军.1995.中国生态环境补偿费的理论与实践[J].中国环境科学，(6)：413-418.

Arrow K J, Solow R, Portney P R L, et al. 1993. Report of the NOAA panel on contingent valuation[J]. Federal Register, 58(10)：4601-4614.

Castro E. 2001. Costa Rican experiences in the change for hydro environmental services of the biodiversity to finance conservation and recuperation of hillside ecosystems[C]. The International Workshop on Market Creation for Biodiversity Products and Services, OCED, Paris.

Costanza R, Arge R, Groot R, et al. 1997. The value of the world's ecosystem services and capital[J]. Nature, 38(6)：253-260.

Engel S, Pogiola S, Wunder S. 2008 Designing payments for environmental services in theory and practice: an overview of the issues[J]. Ecological Economics, 65(4):663-674.

Florence B, de Groot Rudolf S, José J C. 2009. Valuation of tropical forest services and mechanisms to finance their conservation and sustainable use: a case study of Tapantí National Park, Costa Rica[J]. Forest Policy and Economics, 11(3)：174-183.

Graham H, Seamus M, Gus M, et al. 2009. Community, lions, livestock and money: a spatial and social analysis of attitudes to wildlife and the conservation value of tourism in a human–carnivore conflict in Botswana[J]. Biological Conservation, 142(11)：2718-2725.

Hanley N, Kirkpatrick H, Simpson I, et al. 1995. Principles for the provision of public goods from agriculture: modeling moordland conservation in Scotland [J] Land Economics, 74(1):102-113.

Kalpana A, Syed A, Ruchi B. 2007. Social and economic consideration in conserving wetlands of indo-gangetic plains: a case study of Kabartal wetland, India[J]. Environmentalist, 27(2): 261-273.

Karin J, Martin D, Frank W. 2002. An ecological-economic modelling procedure to design compensation payments for the efficient spatio-temporal allocation of species protection measures[J]. Ecological Economics, 41(1): 37-49.

Macmillan D C, Harley D, Morrison R. 1998. Cost-effectiveness analysis of woodland ecosystem restoration[J]. Ecological Economics, (27):313-324.

Maikhuri R K, Nautiyal S, Rao K S, et al. 2001. Conservation policy-people conflicts: a case study from Nanda Devi Biosphere Reserve (a World Heritage Site), India[J]. Forest Policy and Economics, 2(3-4): 355-365.

Margules C R, Pressey R L. 2000. Systematic conservation planning[J]. Nature, 405(6783):191-199.

Noordwijk M V, Chandler F, Tomich T . 2005. An introduction to the conceptual basis of RUPES: rewarding upland poor for the environmental services they provide[R]. ICRAF Working Paper.

Pagiola S, Ramírez E, Gobbi J, et al. 2007.Paying for the environmental services of silvopastoral practices in Nicaragua[J]. Ecological Economics, 64(2):374-385.

Pagiola S, Cain J D. 2004. Can payments for environmental services help reduce poverty? An exploration of the issues and the evidence to date from Latin America[J]. World Development, 33(2):237-253.

Pagiola S, Landell-Mills N, Bishop J. 2002. Making Market-Based Mechanisms Work for Forests and People[M]. London: Earthscan Publications: 264.

Pigou A C.1932.The Economics of Welfarem[M].London: Macmillan.

Robles D, Kangas P, Lassioe J P, et al. 1997. Evaluation of potential gross income from non-timber products in a riparian gorest for the chesapeake bay qatershed[J]. A groforestry Systems, 44 (2-3): 215-225.

Rosa H, Kandel S, Dimas L. 2004. Compensation for environmental services and rural communities: lessons from the Americas[J]. International Forestry Review, 6(2): 187-194.

Trakolis D. 2001. Local people's perceptions of planning and management issues in Prespes Lakes National Park, Greece[J]. Journal of Environmental Management , 61(3): 227-241.

Tsvetnov E V, Shcheglov A I, Tsvetnova O B . 2009.Eco-economic approach to evaluation of agricultural lands polluted by chemicals and radionuclides[J]. Eurasian Soil Science, 42(3):334-341.

Wackernagel M, Ree W.1996.Our Ecological Footprint: Reducing Human Impact on the Earth[M]. Gabriola lsland, BC: New Society Publishers.

Wells M. 1992. Biodiversity conservation affluence and poverty: mismatched costs and benifits and efforts to remedy them[J]. A Journal of the Human Environment, 21:237-243.

Whitehead J C, Blomquist G C. 1991. Measuring contingent values for wetlands: effects of information about Related Environmental Goods[J]. Water Resources Research, 27(10): 2523-2531.

Winscher T, Engel S, Wunder S. 2008. Spatial targeting of payments for environmental services: a tool for boosting drive part impacts in Costa Rica[J]. Ecological Economics, 65(4): 822-833.

Wunder S. 2005. Payments for environmental services: some nuts an bolts[R]. CIFOR Occasional Paper.

Wünscher T, Engel S , Wunder S .2008. Spatial targeting of payments for environmental services: a tool for boosting conservation benefits[J]. Ecological Economics, 65 (4) :822-833.

Yakovets Y V.2003.Rent Anti-rent and Quas-rent in a Global Civilization Dimension[M]. Moscow: Akademkniga.

附表1 纳入评估的自然保护区基本情况表

序号	保护区名称	类型	行政区域	主管部门	面积(hm²)
1	西双版纳国家级自然保护区(以下简称"西双版纳")	森林生态	景洪市、勐腊县、勐海县	林业	242510
2	南滚河国家级自然保护区(以下简称"南滚河")	野生动物	沧源县、耿马县	林业	50887
3	高黎贡山国家级自然保护区(以下简称"高黎贡山")	森林生态	隆阳区、腾冲市、泸水县、福贡县、贡山县	林业	405549
4	白马雪山国家级自然保护区(以下简称"白马雪山")	野生动物	德钦县、维西县	林业	281640
5	哀牢山国家级自然保护区(以下简称"哀牢山")	森林生态	景东县、镇沅县、楚雄市、双柏县、南华县、新平县	林业	67700
6	文山国家级自然保护区(以下简称"文山")	森林生态	西畴县、文山县	林业	26867
7	黄连山国家级自然保护区(以下简称"黄连山")	森林生态	绿春县	林业	65058
8	大围山国家级自然保护区(以下简称"大围山")	森林生态	河口县、屏边县、个旧市、蒙自市	林业	43993
9	金平分水岭国家级自然保护区(以下简称"分水岭")	森林生态	金平县	林业	42027
10	无量山国家级自然保护区(以下简称"无量山")	野生动物	景东县、南涧县	林业	30938
11	大山包国家级自然保护区(以下简称"大山包")	湿地生态	昭阳区	林业	19200
12	药山国家级自然保护区(以下简称"药山")	森林生态	巧家县	林业	20141
13	永德大雪山国家级自然保护区(以下简称"大雪山")	森林生态	永德县	林业	17541
14	会泽黑颈鹤国家级自然保护区(以下简称"会泽黑颈鹤")	湿地生态	会泽县	林业	12910.6
15	苍山洱海国家级自然保护区(以下简称"苍山洱海")	森林和湿地生态	大理市、漾濞县	环保	79700
16	纳板河国家级自然保护区(以下简称"纳板河")	森林生态	景洪市、勐海县	环保	26600
	国家级小计				1433261.6
17	元江省级自然保护区(以下简称"元江")	森林生态	元江县	林业	22300
18	紫溪山省级自然保护区(以下简称"紫溪山")	森林生态	楚雄市	林业	16000
19	马关古林箐省级自然保护区(以下简称"古林箐")	森林生态	马关县	林业	6832

续表

序号	保护区名称	类型	行政区域	主管部门	面积(hm²)
20	威远江省级自然保护区(以下简称"威远江")	野生植物	景谷县	林业	7704
21	云龙天池省级自然保护区(以下简称"云龙天池")	野生植物	云龙县	林业	6630
22	玉龙雪山省级自然保护区(以下简称"玉龙雪山")	森林生态	玉龙县	林业	26000
23	哈巴雪山省级自然保护区(以下简称"哈巴雪山")	森林生态	香格里拉县	林业	21908
24	碧塔海省级自然保护区(以下简称"碧塔海")	湿地生态	香格里拉县	林业	14133
25	会泽驾车省级自然保护区(以下简称"驾车")	野生植物	会泽县	林业	8282
26	彝良海子坪省级自然保护区(以下简称"海子坪")	野生植物	彝良县	林业	2782
27	纳帕海省级自然保护区(以下简称"纳帕海")	湿地生态	香格里拉县	林业	2400
28	永善三江口省级自然保护区(以下简称"三江口")	森林生态	永善县	林业	680
29	禄丰雕翎山省级自然保护区(以下简称"雕翎山")	森林生态	禄丰县	林业	613
30	普渡河省级自然保护区(以下简称"普渡河")	野生植物	禄劝县	林业	11
31	铜壁关省级自然保护区(以下简称"铜壁关")	森林生态	盈江县、陇川县、瑞丽市、梁河县	林业	100744.2
32	菜阳河省级自然保护区(以下简称"菜阳河")	森林生态	思茅区	林业	7035
33	泸沽湖省级自然保护区(以下简称"泸沽湖")	湿地生态	宁蒗县	林业	8133
34	麻栗坡马关老君山省级自然保护区(以下简称"老君山")	森林生态	马关县、麻栗坡县	林业	4509
35	富源十八连山省级自然保护区(以下简称"十八连山")	森林生态	富源县	林业	1213
36	孟连竜山省级自然保护区(以下简称"孟连竜山")	野生植物	孟连县	林业	54
37	观音山省级自然保护区(以下简称"观音山")	森林生态	元阳县	林业	16187
38	永平金光寺省级自然保护区(以下简称"金光寺")	森林生态	永平县	林业	9193
39	巍山青华绿孔雀省级自然保护区(以下简称"青华绿孔雀")	野生动物	巍山县	林业	1000
40	轿子山省级自然保护区(以下简称"轿子山")	森林生态	禄劝县、东川区	林业	16193
41	红河阿姆山省级自然保护区(以下简称"阿姆山")	森林生态	红河县	林业	14756
42	龙陵小黑山省级自然保护区(以下简称"小黑山")	森林生态	龙陵县	林业	5805

续表

序号	保护区名称	类型	行政区域	主管部门	面积(hm²)
43	腾冲北海湿地省级自然保护区(以下简称"腾冲北海")	湿地生态	腾冲市	林业	1628.9
44	糯扎渡省级自然保护区(以下简称"糯扎渡")	森林生态	思茅区、澜沧县	林业	18997
45	拉市海省级自然保护区(以下简称"拉市海")	湿地生态	玉龙县	林业	6523
46	昭通朝天马省级自然保护区(以下简称"朝天马")	森林生态	彝良县、盐津县	林业	6293
47	珠江源省级自然保护区(以下简称"珠江源")	森林生态	沾益县、宣威市	林业	117934
48	临沧澜沧江省级自然保护区(以下简称"临沧澜沧江")	森林生态	凤庆县、云县、临翔区、双江县、耿马县	林业	143896
49	镇康南捧河省级自然保护区(以下简称"南捧河")	森林生态	镇康县	林业	36970
50	剑川剑湖省级自然保护区(以下简称"剑川剑湖")	湿地生态	剑川县	林业	4630.3
51	墨江西歧桫椤省级自然保护区(以下简称"西歧桫椤")	森林生态	墨江县	林业	6222.3
52	沾益海峰省级自然保护区(以下简称"沾益海峰")	湿地生态	沾益县	林业	26610
53	驮娘江省级自然保护区(以下简称"驮娘江")	森林生态	富宁县	林业	19128
54	丘北普者黑省级自然保护区(以下简称"普者黑")	湿地生态	丘北县	林业	10746
55	兰坪云岭省级自然保护区(以下简称"云岭")	森林生态	兰坪县	林业	75894
56	麻栗坡老山省级自然保护区(以下简称"麻栗坡老山")	森林生态	麻栗坡县	林业	20500
	省级小计				817069.7
	合计				2250331.3

附表 2 纳入评估区域的森林资源状况表

序号	名称	森林面积(hm²)					活立木总蓄积量(10⁴m³)		
		小计	乔木林			竹林	小计	纯林	混交林
			小计	纯林	混交林				
1	西双版纳	226475.99	221200.14	112492.41	108707.73	5275.85	3815.37	1677.34	2138.03
2	南滚河	46894.32	46527.90	18598.54	27929.36	366.43	833.41	315.61	517.80
3	高黎贡山	280432.24	275854.21	180994.65	94859.56	4578.04	7497.09	4735.97	2761.12
4	白马雪山	186021.31	186021.31	162631.85	23389.46		4771.87	4270.12	501.75
5	哀牢山	60549.42	60549.42	42961.92	17587.50		950.52	683.90	266.62
6	文山	18985.56	18916.11	13771.84	5144.27	69.45	196.86	141.18	55.68
7	黄连山	49148.43	49128.95	20798.63	28330.32	19.49	872.46	253.93	618.53
8	大围山	32559.16	28870.88	21177.45	7693.43	3688.28	487.01	284.66	202.35
9	分水岭	41217.06	41128.66	40995.20	133.46	88.39	533.93	532.84	1.09
10	无量山	29163.44	29163.44	20610.66	8552.78		398.53	291.21	107.32
11	大山包	3731.63	3731.63	3726.28	5.35		3.42	3.40	0.02
12	药山	2839.28	2839.28	2143.72	695.56		18.35	14.49	3.86
13	大雪山	15206.86	14086.79	12797.76	1289.03	1120.07	290.81	255.45	35.36
14	会泽黑颈鹤	5014.13	5014.13	4807.16	206.97		27.09	25.80	1.29
15	苍山洱海	30503.10	30503.10	27994.75	2508.35		204.69	189.07	15.62
16	纳板河	17881.16	16431.41	8039.00	8392.41	1449.74	229.65	122.92	106.73
17	元江	14815.25	14815.25	12310.04	2505.21		88.52	70.85	17.67
18	紫溪山	14731.66	14730.45	13140.41	1590.04	1.21	125.83	106.94	18.89
19	古林箐	5829.24	5827.45	5548.39	279.06	1.79	52.17	49.77	2.40
20	威远江	7556.37	7556.37	7403.20	153.17		177.93	175.30	2.63
21	云龙天池	6266.40	6266.40	6136.87	129.53		115.14	113.55	1.59
22	玉龙雪山	11647.99	11647.99	9157.07	2490.92		216.94	180.39	36.55
23	哈巴雪山	11725.58	11725.58	10205.94	1519.64		208.45	183.17	25.28
24	碧塔海	9777.06	9777.06	9024.52	752.54		229.38	210.76	18.62
25	驾车	3926.46	3926.46	3660.47	265.99		18.03	16.61	1.42
26	海子坪	1287.91	922.28	789.86	132.42	365.62	4.42	4.22	0.20
27	纳帕海	2.36	2.36	2.36			0.02	0.02	
28	三江口	665.22	665.22	30.98	634.24		16.09	0.36	15.73
29	雕翎山	603.01	603.01	343.77	259.24		5.61	2.98	2.63

续表

序号	名称	森林面积(hm²)					活立木总蓄积量(10⁴m³)		
		小计	乔木林			竹林	小计	纯林	混交林
			小计	纯林	混交林				
30	普渡河	11.00	11.00	11.00			0.05	0.05	
31	铜壁关	77151.41	76143.85	40727.90	35415.95	1007.57	1055.10	470.30	584.80
32	菜阳河	6976.52	6976.52	256.40	6720.12		125.12	5.63	119.49
33	泸沽湖	4589.56	4589.56	2927.13	1662.43		34.26	19.78	14.48
34	老君山	4282.40	4282.40	4144.18	138.22		50.90	49.13	1.77
35	十八连山	1139.53	1139.53	436.15	703.38		3.38	2.51	0.87
36	孟连竜山	54.00	54.00		54.00		1.25		1.25
37	观音山	14446.90	14442.59	13082.52	1360.07	4.31	323.56	294.97	28.59
38	金光寺	8471.34	8467.96	6908.51	1559.45	3.38	79.57	65.75	13.82
39	青华绿孔雀	581.59	581.59	581.59			3.08	3.08	
40	轿子山	3758.40	3758.40	3459.49	298.91		27.78	22.21	5.57
41	阿姆山	11509.57	11508.48	7947.58	3560.90	1.09	108.94	70.41	38.53
42	小黑山	5538.48	5538.48	5246.95	291.53		63.29	60.70	2.59
43	腾冲北海	580.03	574.89	506.70	68.19	5.15	3.52	3.15	0.37
44	糯扎渡	16907.73	16282.77	10275.80	6006.97	624.96	147.50	85.64	61.86
45	拉市海	2907.90	2907.90	2879.07	28.83		16.39	16.20	0.19
46	朝天马	5463.33	5463.33	4150.03	1313.30		55.96	42.28	13.68
47	珠江源	73397.48	73390.54	64750.52	8640.02	6.94	286.90	251.70	35.20
48	临沧澜沧江	125379.19	124981.76	88100.07	36881.69	397.43	1252.82	835.20	417.62
49	南捧河	31331.41	31331.41	25171.11	6160.30		217.41	170.17	47.24
50	剑川剑湖	1684.01	1684.01	1684.01			5.57	5.57	
51	西歧桫椤	2047.52	2047.52	2047.52			4.02	4.02	
52	沾益海峰	17402.90	17402.90	15441.17	1961.73		58.19	50.43	7.76
53	驮娘江	11976.27	11976.27	11492.48	483.79		57.80	55.49	2.31
54	普者黑	1938.59	1919.93	1502.55	417.38	18.66	12.17	9.99	2.18
55	云岭	55499.49	55477.18	44391.19	11085.99	22.30	632.82	486.14	146.68
56	麻栗坡老山	11466.65	11134.61	10501.14	633.47	332.03	72.49	68.54	3.95
	合计	1631950.80	1612502.62	1140918.46	471584.16	19448.18	27089.43	18061.85	9027.58

附表 3 云南省自然保护区森林生态系统服务功能及价值评估指标体系与评估公式

指标类别	评估指标	物质量评估公式	价值量评估公式
涵养水源	调节水量	物质量评估采用降水储存量法，即用森林生态系统的蓄水效益来衡量其涵养水分的功能。公式为： $Q=A\times J\times R$ $J=J_0\times K$ $R=R_0-R_g$ 式中，Q 为与裸地相比，森林生态系统涵养水分的增加量；A 为森林面积；J 为多年平均产流降雨量（$P>20mm$）；J_0 为多年平均降雨总量；K 为产流降雨量占降雨总量比例；R 为与裸地相比，森林生态系统减少径流的效益系数；R_0 为产流降雨条件下裸地降雨径流率；R_g 为产流降雨条件下林地或湿地降雨径流率。 参数选取：J_0 采用全省自然保护区所在各县、区多年平均降水量；K 取 0.6；R 值根据前人研究成果整理得到。	价值量评估采用替代工程法，公式为：$U_{调}=Q\times C_{库}$ 式中，U 调为林分调节水量价值；C 库为水库库容造价（元/m³）。
	净化水质	森林生态系统年净化水质价值采用全省城镇居民用水平均价格计算，公式如下：$U_{水质}=K_{水}\times Q$ 式中，$U_{水质}$ 为森林年净化水质价值（元）；$K_{水}$ 为居民用水平均价格（元/t）。	
保育土壤	森林固土	森林固土量评估采用如下公式：$G_{固}=A\times(X_2-X_1)$ 式中，$G_{固土}$ 为森林年固土量（t/a）；X_1 为林地土壤年侵蚀模数（t/hm²）；X_2 为无林地土壤年侵蚀模数（t/hm²）；A 为林分面积（hm²）。	森林固土价值用减少泥沙淤积价值评估方法，采用清除费用法计算，公式如下：$U_{固土}=A\times C_{库}\times(X_2-X_1)/\rho$ 式中，$U_{固土}$ 为森林年固土价值（元）；ρ 为泥沙的平均容重（t/m³）；$C_{库}$ 为水库挖取土方工程费用（元/m³）。
	森林保肥	森林保肥价值计算公式为：$U_{肥}=A\times(X_2-X_1)\times(N\times C_1/R_1+P\times C_1/R_2+K\times C_2/R_3+M/C_3)$ 式中，$U_{肥}$ 为森林年保肥价值（元）；N、P、K、M 分别为土壤氮、磷、钾、有机质的平均含量；R_1 为磷酸二铵含 N 量（%）；R_2 为磷酸二铵含 P 量（%）；R_3 为氯化钾含 K 量（%）；C_1、C_2、C_3 分别为磷酸二铵、氯化钾、有机质的平均价格（元/t）。	
固碳释氧	森林固碳	森林固碳量评估按以下公式计算：$G_{碳}=0.4445\times B_{年}$，$B_{年}=V_{总}\times BEF\times(1+R)\times D\times P_{年}$ 式中，$G_{碳}$ 为计算区林分的年净增固碳量（t/a）；$B_{年}$ 为计算区林分的年净生产力（t/a）；$V_{总}$ 为某类树种林分的总蓄积量（m³）；BEF 为将树干生物量转换为地上生物量的生物量扩展因子（无单位）；R 为某类树种生物量根茎比，即地下生物量与地上生物量之比（无单位）；D 为树种木材平均密度（t/m³）；$P_{年}$ 为该树种蓄积量的年净生长率（%）。BEF、D 与 R 的取值参见有关文献及其测算值。 根据光合作用化学方程式，森林植被每积累 1 g 干物质可以固定 1.63 g CO₂、释放 1.19 g O₂，而 CO₂ 中 C 的比例为 27.27%。系数 0.4445 为 1.63 与 27.27% 的乘积。 式中 $B_{年}$ 的计算采用材积源生物量法，即利用森林资源调查获得的蓄积量推算生物量。知道了某树种的树干蓄积，可根据树干与其他器官之间存在的相关关系，推算该树种的生物量。本评估的测算思路为：通过某树种的总蓄积量，推算其总生物量，再利用蓄积量的年净生长率，推算该树种的年净生产力。 森林植被固碳价值的计算公式为：$U_{碳}=C_{碳}\times G_{碳}$ 式中，$U_{碳}$ 为林分的年固碳价值（元）；$C_{碳}$ 为固碳价格（元/t）。	
	森林释氧	森林生态系统释放氧气的机理与森林固碳相同，释氧价值计算公式为：$U_{氧}=1.19\times C_{氧}\times B_{年}$ 式中，$U_{氧}$ 为林分的年制氧价值（元）；$B_{年}$ 为计算区林分的年总净生产力（t/a）；$C_{氧}$ 为氧气价格（元/t）。	

指标类别	评估指标	物质量评估公式	价值量评估公式
积累营养物质		积累营养物质量计算公式如下：$G_氮=B_年×N_营养$，$G_磷=B_年×P_营养$，$G_钾=B_年×K_营养$ 式中，$G_氮$为林分固氮量(t/a)；$G_磷$为林分固磷量(t/a)；$G_钾$为林分固钾量(t/a)；$N_营养$为林木氮元素含量(%)；$P_营养$为林木磷元素含量(%)；$K_营养$为林木钾元素含量(%)；$B_年$为林分生产力(t/a)，计算方法如前。	积累营养物质的价值量计算公式如下：$U_营养=B_年(N_营养×C_1/R_1+P_营养×C_1/R_2+K_营养×C_2/R_3)$ 式中，$U_营养$为林分年营养物质积累价值(元)；$N_营养$、$P_营养$、$K_营养$分别为林木的氮、磷、钾含量(%)；R_1为磷酸二铵含氮量(%)；R_2为磷酸二铵含磷量(%)；R_3为氯化钾含钾量(%)；C_1、C_2分别为磷酸二铵和氯化钾的价格(元/t)。
净化大气环境	提供负离子	森林年提供负离子量 $G_{负离子}$公式如下：$G_{负离子}=5.256×10^{15}×Q_{负离子}AH/L$ 式中，$G_{负离子}$为森林年提供负离子个数(个/a)；$Q_{负离子}$为森林负离子浓度(个/cm³)；A为森林面积(hm²)；H为森林高度(m)；L为负离子寿命(min)。	国内外研究证明，当空气中的负离子达到600个/cm³以上时，才有益人体健康，因此森林提供的负离子价值$U_{负离子}$采用如下公式计算：$U_{负离子}=5.256×10^{15}×AHK_{负离子}(Q_{负离子}-600)/L$ 式中，$U_{负离子}$为森林年提供负离子价值(元/a)；$K_{负离子}$为负离子生产费用(元/个)；A为森林面积(hm²)；H为森林高度(m)；$Q_{负离子}$为森林负离子浓度(个/cm³)；L为负离子寿命(min)。
	吸收污染物		(1)吸收二氧化硫价值：森林年吸收二氧化硫的总价值($U_{二氧化硫}$，元)公式如下：$U_{二氧化硫}=K_{二氧化硫}×Q_{二氧化硫}×A$ 式中，$K_{二氧化硫}$为二氧化硫的治理费用(元/kg)；$Q_{二氧化硫}$为单位面积森林的二氧化硫年吸收量(kg/hm²)；A为林分面积(hm²)。 (2)吸收氟化物价值：森林年吸收氟化物总价值($U_氟$，元)公式如下：$U_氟=K_{氟化物}×Q_{氟化物}×A$ 式中，$K_{氟化物}$为氟化物治理费用(元/kg)；$Q_{氟化物}$为单位面积森林对氟化物的年吸收量(kg/hm²)；A为林分面积(hm²)。 (3)吸收氮氧化物价值：森林年吸收氮氧化物的总价值($U_{氮氧化物}$，元)公式如下：$U_{氮氧化物}=K_{氮氧化物}×Q_{氮氧化物}×A$ 式中，$K_{氮氧化物}$为氮氧化物治理费用(元/kg)；$Q_{氮氧化物}$为单位面积森林对氮氧化物的年吸收量(kg/hm²)；A为林分面积(hm²)。
	阻滞降尘价值		森林植被年阻滞降尘价值($U_滞尘$，元)的公式如下：$U_滞尘=K_滞尘×Q_滞尘×A$ 式中，$K_滞尘$为降尘清理费用(元/kg)；$Q_滞尘$为单位面积森林的年滞尘量(kg/hm²)；A为森林面积(hm²)。针叶树平均吸收SO_2、HF、氮氧化物和滞尘能力分别为215.60 kg/hm²、0.5 kg/hm²、6.0kg/hm²、33 200 kg/hm²；阔叶树平均吸收SO_2、HF、氮氧化物和滞尘能力分别为88.65 kg/hm²、4.65 kg/hm²、6.0 kg/hm²、10 110 kg/hm²；经济林吸收氟化物的能力为1.68 kg/hm²。
生物多样性保护	物种保育		森林生态系统的年生物物种资源保护价值($U_生$，元)的评估公式如下：$U_生=S_生×A$ 式中，$S_生$为单位面积森林年生物物种资源保护价值(元/hm²)；A为林分(植被类型)面积(hm²)。物种保育价值计算按 Shannon-Wiener 指数计算方法，并划分为 8 个等级：当指数<1 时，$S_生$为3000 元/hm²·a；当1≤指数<2 时，$S_生$为5000 元/hm²·a；当2≤指数<3 时，$S_生$为10000元/hm²·a；当3≤指数<4 时，$S_生$为20000元/hm²·a；当4≤指数<5 时，$S_生$为30000元/hm²·a；当5≤指数<6 时，$S_生$为40000 元/hm²·a；当6≤指数<7 时，$S_生$为50000 元/hm²·a；当指数≥7 时，$S_生$为60000 元/hm²·a。 Shannon-Wiener 指数计算公式：$H=-\sum_{i=1}^{s}p_i\ln p_i$ 式中，$p_i=\dfrac{n_i}{N}$；N为保护区中所有珍稀濒危动物的个体数；n_i为第 i 种珍稀濒危动物的个体数；S为珍稀濒危动物种类的数目。

附表4 评估采用的社会公共数据

名 称	单价及含量	来源及依据
水库建设单位库容投资	6.88 元/t	根据 1993~1999 年《中国水利年鉴》平均水库库容造价为 2.17 元/t，2009 年价格指数为 3.17，即得到单位库容造价为 6.88 元/t
挖取单位面积土方费用	21.80 元/m³	根据 2002 年黄河水利出版社出版的水利部水利建筑工程预算定额(上册)中人工挖土方 I 和 II 土类每 100m³ 需 42 个工日，建筑工程按水利水电建筑工程三级及以上企业表中执行，平均工资 6.50 元/小时，计算得 21.80 元/立方米
磷酸二铵含氮量	14.00%	
磷酸二铵含磷量	15.01%	化肥产品说明
氯化钾含钾量	50.00%	
磷酸二铵价格	3300 元/t	
氯化钾价格	3200 元/t	采用《中国化肥网》(http://www.huafei888.com) 目前化肥平均价格
有机质价格	360 元/t	
固碳价格	1000 元/t	采用瑞典的碳税率 150 美元(折合人民币为 1000 元/t)
制造氧气价格	1000 元/t	采用中华人民共和国卫生部网站(http://www.moh.gov.cn) 中 2007 年春季氧气平均价格
二氧化硫治理费用	1.20 元/kg	云南省发展和改革委员会、云南省财政厅、云南省环保局关于调整云南省二氧化硫和化学需氧量排污费征收标准有关问题的通知(云发改价格〔2008〕2514 号)
氟化物治理费用	1.15 元/kg	
氮氧化物治理费用	1.05 元/kg	采用国家发展和改革委员会等四部委 2003 年第 31 号令《排污费征收标准及计算方法》中各种污染物的排污费收费标准
降尘清理费用	0.25 元/kg	
水的净化费用		采用全省城镇居民用水平均价格

附表 5　云南省自然保护区森林生态系统服务功能物质量评估表

| 自然保护区 | 涵养水源 /(10⁴m³/a) | 保育土壤 /(t/a) | | | | | 固碳释氧 /(t/a) | | 积累营养物质 /(t/a) | | | 净化大气 | | | | |
		固土	N	P	K	有机质	固碳	释氧	N	P	K	G 负离子/个	SO₂固定量 /(kg/a)	HF 固定量 /(kg/a)	NO₂固定量 /(kg/a)	滞尘量 /(kg/a)
西双版纳	115156.54	26040462.19	45316.26	20227.47	300280.85	965358.66	722874.32	1935249.74	14733.09	1081.51	9583.44	3.19×10^{24}	20595974.86	1036151.2	1358855.93	2384047224
南滚河	18949.32	5378767.04	12683.81	5076.52	76663.22	281538.65	135108.86	361707.95	2514.18	117.77	1879.62	7.55×10^{23}	4219511.35	216021.06	281365.95	485438271.3
高黎贡山	100475.02	38635889.75	213485.56	57329.32	555197.94	5535132.19	606000.36	1622359.51	8986.58	507.85	6651.59	5.52×10^{24}	44317997.72	667937.71	1682593.47	6374183887
白马雪山	37703.19	24190491.04	150328.37	37696.6	326907.88	4065419.16	324147.68	867794.98	3159.61	292.65	2189.58	3.94×10^{24}	36469278.04	211901.61	1116127.89	5514415544
哀牢山	17710.58	7076285.25	24308.07	6862.2	104551.04	532556.15	110509.01	295850.23	1943.75	95.99	1452.61	9.19×10^{23}	6135337.7	256460.92	363296.54	751773476.6
文山	6621.5	2407064.84	8884.81	2855.43	34692.96	210662.38	33933.47	90845.31	584.08	31	433.42	2.10×10^{23}	2111251.53	74285.59	113913.37	269822806.8
黄连山	22312.68	6014878.52	14890.12	5791.1	86041.27	332268.03	104578.13	279972.32	2012.63	123.64	1381.99	5.84×10^{23}	4362919.39	228346.99	294890.6	497965732.5
大围山	13680.53	4057669.88	10996.19	4339.97	55811.23	259269.85	74048.18	198238.77	1452.94	97.99	979.61	3.86×10^{23}	2971971.5	148601.74	195354.94	344742637.1
分水岭	17821.93	5422373.5	19432.6	5647.31	78523.46	437688.08	79319.21	212350.17	1471.96	62.93	1125.26	5.96×10^{23}	3657878.55	191528.99	247302.34	417429514.6
无量山	8789.33	3771967.83	13314.34	3765.93	55232.66	292102.7	41325.66	110635.37	746.45	33.24	563.02	5.18×10^{23}	2754529.61	130079.16	174980.65	325615212.5
大山包	752.36	403945.16	1601.47	505.3	6018.89	36587	635.33	1700.88	6.56	1.02	3.62	1.12×10^{22}	771239.65	2954.42	22389.8	117833441.9
药山	635.04	388984.96	1420.9	415.52	5610.99	32901.73	3092.21	8278.33	45.83	3.5	31.54	2.35×10^{22}	349730.01	9998.13	17035.69	46534670.41
大雪山	5216.07	2012431.64	7617.22	2134.71	29642.33	169771.89	34940.96	93542.52	627.63	28.05	467.17	1.88×10^{23}	1363828.98	70197.35	91241.18	156604323.6
会泽黑颈鹤	1101.16	550947.51	1758.26	530.03	7972.88	38595.46	4276.82	11449.72	40.61	7.2	20.69	2.90×10^{22}	1077460.34	2624.33	30084.8	165816844
苍山洱海	7649.19	3688567.68	139910.15	4278	54322.05	328841.37	32870.53	87999.63	434.78	41.89	281.8	3.33×10^{23}	4962189.64	68022.37	183018.59	719093668.6
纳板河	8444.39	1913801.7	3523.62	1477.36	23808.48	73858.79	39333.59	105302.29	807.51	64.03	501.92	2.36×10^{23}	1585164.77	83147.39	107286.96	180778520.5
元江	4086.8	1626695.27	4522.68	1428	24258.61	97144.3	20425.8	54683.12	322.67	21.75	229.87	1.31×10^{23}	1851581.17	51296.82	88891.49	247673104.1

| 自然保护区 | 涵养水源/(10⁴m³/a) | 保育土壤 | | | | | 固碳释氧/(t/a) | | 积累营养物质/(t/a) | | | G负离子/个 | 净化大气 | | | |
		固土	N	P	K	有机质	固碳	释氧	N	P	K		SO₂固定量/(kg/a)	HF固定量/(kg/a)	NO₂固定量/(kg/a)	滞尘量/(kg/a)
紫溪山	3054.27	1575131.88	3531.21	1307.7	23881.88	77601.98	26813.7	71784.55	274	42.67	146.75	1.65×10^{23}	2999295.95	13147.05	88389.95	456925191.1
古林箐	2864.47	749854.48	1834.82	858.98	10323.59	45341.25	8825.04	23626.04	160.79	11.99	106.22	8.29×10^{22}	589382.3	24732.01	34975.44	72141968.25
威远江	2716.86	1079581.13	1919.08	859.52	13652.13	40685.63	11521.12	30843.86	112.1	19.12	58.56	1.60×10^{23}	1603353.61	4621.6	45338.24	246178938.2
云龙天池	2193.01	830774.52	1732.51	691.91	14094.5	38083.74	13555.86	36291.18	150.8	20.61	88.28	1.21×10^{23}	1173206.58	8946.41	37598.37	175700454.1
玉龙雪山	2170.6	1442139.11	5858.23	1953.99	21604.47	138495.33	13431.11	35957.22	128.97	11.52	91.88	1.70×10^{23}	2229949.05	15021.58	69887.94	3355392211.6
哈巴雪山	2301.99	1341156.47	7769.39	1909.2	18590.33	208935.38	19443.96	52054.58	197.78	18.6	136.73	1.89×10^{23}	2214276.76	16119.53	70353.46	332222096.9
碧塔海	1557.87	937723.63	6945.67	1535.41	12041.9	193374.19	11250.12	30118.37	94.81	9.1	67.36	1.81×10^{23}	2001020.46	8383.55	58662.36	305152647.9
驾车	798.46	435553.33	1616.39	385.15	6334.82	34535.53	3027.03	8103.85	28.99	4.99	14.46	2.91×10^{22}	836773.95	2282.65	23558.77	128581316.7
海子坪	220.52	161787.34	298.56	136.32	2611.24	6926.08	1700.41	4552.26	29.93	1.5	22.49	7.76×10^{21}	122163.33	5727.56	7727.44	144740052.89
纳帕海	0.35	285.28	1.06	0.25	4.15	22.23	2.49	6.67	0.02	0	0.01	2.28×10^{19}	508.32	1.18	14.15	78275.96
三江口	192.71	84039.36	317.74	81.95	1229.22	6911.37	1329.36	3558.91	24.7	1.05	18.93	1.01×10^{22}	58972.09	3093.29	3991.34	6725413.06
雕翎山	135.54	60289.45	199.45	50.47	900.32	4241.62	972.7	2604.08	15.92	0.98	11.62	6.45×10^{21}	73378.16	2152.75	3618.05	9719787.93
普渡河	2.41	1562	3.26	1.56	22.24	75.44	8	21.43	0.15	0.01	0.11	7.69×10^{19}	975.15	51.15	66	111210
铜壁关	36416.15	9181275.47	17788.28	7925.34	117244.68	393309.14	202771.13	542850.63	3933.8	296.02	2517.3	1.03×10^{24}	7592001.98	334153.87	462908.48	9168722775.2
荣阳河	3205.05	908528.44	1591.01	712.56	10828.22	33960.75	16460.48	44067.34	302.91	13.25	231.34	1.10×10^{23}	647728.79	31484.31	41859.13	75854544.36
泸沽湖	825.28	624058.7	2875.47	886.32	9122.55	70162.09	7244.84	19395.58	71.12	9.53	42.36	4.66×10^{22}	874965.49	6039.19	27537.34	131539910
老君山	2157.38	601496.15	2045.81	728.51	8659.79	49359.35	7553.8	20222.71	136.54	6.3	103.45	6.05×10^{22}	407061.32	19016.6	25694.41	48283466.46
十八连山	309.34	161807.42	371.98	176.54	2301.97	8954.6	530.72	1420.82	6.92	0.71	4.51	1.11×10^{22}	161054.03	3336.24	6837.15	22439950.11
孟连竜山	24.09	7081.46	12.89	12.11	58.56	280.14	134.59	360.32	3.09	0.33	1.63	9.90×10^{20}	4787.1	251.1	324	545940
观音山	5881.32	1837597.94	6691.21	1964.63	26803.59	150912.35	28893.59	77352.75	535.85	23.63	406.6	1.78×10^{23}	1286242.15	66997.5	86681.41	147062951.8
金光寺	2415.71	1164195.02	3251.82	1001.32	17805.81	68343.46	13266.98	35517.81	213.92	14.07	145.9	8.91×10^{22}	927222.23	33630.52	50828.05	117699855.9
青华绿孔雀	120.15	68117.32	131.89	60	1055.69	2795.29	800.67	2143.51	7.57	1.35	3.84	6.10×10^{21}	125391.2	290.8	3489.55	19308849.26
轿子山	758.91	461388.87	2284	666.35	6654.26	56988.46	2853.54	7639.37	38.12	2.4	28.21	4.12×10^{22}	523595.72	11251.95	22550.42	72630327.14
阿姆山	3902.04	1386868.63	5036.55	1384.78	20057.29	112226.71	20651.41	55287.11	321.51	21.91	226.91	1.05×10^{23}	1423739.92	40331.78	69057.41	189736227.1

续表

自然保护区	涵养水源 /(10⁴m³/a)	保育土壤 /(t/a)					固碳释氧 /(t/a)		积累营养物质 /(t/a)			净化大气				
		固土	N	P	K	有机质	固碳	释氧	N	P	K	G 负离子/个	SO₂ 固定量 /(kg/a)	HF 固定量 /(kg/a)	NO₂ 固定量 /(kg/a)	滞尘量 /(kg/a)
小黑山	2086.16	626922.42	1815.97	645.97	10385.47	40890.68	8612.82	23057.9	161.32	8.94	116.64	$5.57×10^{22}$	505063.64	25293.72	33230.86	58554485.94
腾冲北海	188.65	57706.72	191.7	83.81	821.74	5019.43	998.07	2672	9.44	1.68	4.79	$5.37×10^{21}$	123004.22	357.07	3480.21	188884064.49
糯扎渡	5920.71	2064737	3635.19	1595.23	23971.24	77488.75	21826.1	58431.94	340.77	23.61	243.65	$2.05×10^{23}$	2218113.64	55108.87	101446.4	301755012.1
拉市海	684.04	329559.5	759.03	302.39	5202.51	16103.27	2237.73	5990.77	21.52	3.39	11.77	$2.46×10^{22}$	609704.06	2017.53	17447.42	93406751.82
朝天马	1293.72	638557.59	2096.92	935.25	9064.91	55442.99	8303.29	22229.23	132.37	8.7	95.57	$5.53×10^{22}$	626798.51	20746.98	32779.97	81147881.7
珠江源	15902.96	6635201.2	13081.66	5986.36	101862.78	271956.61	69971.14	187323.88	696.74	114.21	370.12	$5.22×10^{23}$	15194830.52	57282.5	440384.84	2322271034
临沧澜沧江	37979.51	11945989.03	32818.35	12597.4	174854.51	752784.63	239456.69	641063.72	3891.88	237.8	2807.34	$1.43×10^{24}$	15224264.2	448676.85	752275.16	2015011897
南捧河	10298.92	4139974.2	8337.19	3508.15	63495.69	172869.12	61577.96	164854.02	1110.4	51.02	837.25	$2.96×10^{23}$	2930390.43	140694.06	187988.49	344563277.3
剑湖湿地	381.52	157723.38	321.14	149.47	2330.97	7164.23	1421.81	3806.4	13.51	2.39	6.86	$9.96×10^{21}$	354055.15	1136.76	10104.04	54269043.95
西畋铄椤	601.84	257515.28	478.77	216.12	3648.14	10134.9	1419.19	3799.41	22.31	1.43	13.31	$1.93×10^{22}$	195956.98	9048.78	12285.12	23327600.62
沾益海峰	3197.32	1772141.11	3335.76	1491.4	28212.98	68230.26	15303.99	40971.21	153.4	24.51	79.87	$1.25×10^{23}$	3606939.47	13445.57	104417.36	551380461
驮娘江	4616.45	1419349.31	2779.88	1054.12	16711.04	59136.04	14705.98	39370.25	320.88	32.52	173.56	$1.17×10^{23}$	1076787.64	55196.29	71857.59	123824961.9
普者黑	450.31	183253.15	346.72	155.2	2906.34	7137.73	3205.09	8580.53	39.95	4.45	25.34	$2.02×10^{22}$	352870.32	3097.06	11631.52	52522521.79
云岭	15877.81	6365993.6	31035.28	9173.88	92632.08	780294.47	74304.57	198925.16	742.22	93.16	458.75	$8.26×10^{23}$	10978135.91	60032.88	332996.9	1662964160
麻栗坡老山	4509.01	1443666.16	3215.96	1336.81	21340.69	71305.64	16325.63	43706.31	257.37	17.92	178.33	$1.07×10^{23}$	1248278.56	45743.66	68799.89	158080969.7

州(市)	县(区)名称	国土面积/hm²	自然保护区									
			国家级		省级		国家及省级木材价值	州(市)级		县(区)级		小计	
			面积/hm²	百分比/%	面积/hm²	百分比/%		面积/hm²	百分比/%	面积/hm²	百分比/%	小计	百分比/%
	全省合计	39413900	1433261.64	3.64	824489.63	2.09	10295345.79	477639.40	1.21	252676.20	0.64	2998066.87	7.58
昆明市	小计	2158200	0.00	0.00	16262.00	0.75	74154.72	31667.00	1.47	25050.00	1.16	72979.00	3.38
	东川区	167400	0.00	0.00	9241.40	5.52	42140.78		0.00		0.00	9241.40	5.52
	晋宁县	139100	0.00	0.00	58.00	0.04	264.48	31667.00	22.77		0.00	31725.00	22.81
	宜良县	188000	0.00	0.00		0.00	0.00		0.00	4133.00	2.20	4133.00	2.20
	禄劝彝族苗族自治县	437800	0.00	0.00	6962.60	1.59	31749.46		0.00		0.00	6962.60	1.59
	寻甸回族彝族自治县	396600	0.00	0.00		0.00	0.00		0.00	20917.00	5.27	20917.00	5.27
曲靖市	小计	2985500	12910.64	0.43	154039.00	5.16	761290.36	100379.00	3.36	28338.00	0.95	295666.64	9.90
	麒麟区	144200	0.00	0.00	0.00	0.00	0.00		0.00	5939.00	4.12	5939.00	4.12
	宣威市	625700	0.00	0.00	80374.00	12.85	366505.44	1000.00	0.16		0.00	81374.00	13.01
	陆良县	209600	0.00	0.00		0.00	0.00		0.00	5280.00	2.52	5280.00	2.52
	会泽县	607700	12910.64	2.12	8282.00	1.36	96638.44	1500.00	0.25	1745.00	0.29	24437.64	4.02
	富源县	334800	0.00	0.00	1213.00	0.36	5531.28		0.00		0.00	1213.00	0.36

续表

州(市)	县(区)名称	国土面积/hm²	自然保护区												
			国家级		省级		国家及省级木材价值	州(市)级		县(区)级		小计	百分比/%
			面积/hm²	百分比/%	面积/hm²	百分比/%		面积/hm²	百分比/%	面积/hm²	百分比/%		
	罗平县	311600		0.00		0.00	0.00	47711.00	15.31	7000.00	2.25	54711.00	17.56
	马龙县	175100		0.00		0.00	0.00		0.00	2950.00	1.68	2950.00	1.68
	沾益县	291000		0.00	64170.00	22.05	292615.20	500.00	0.17		0.00	64670.00	22.22
	师宗县	285800		0.00		0.00	0.00	49668.00	17.38	5424.00	1.90	55092.00	19.28
	小计	1528500	14275.00	0.93	22828.90	1.49	169193.78	24025.00	1.57	50618.00	3.31	111746.90	7.31
玉溪市	红塔区	100400		0.00		0.00	0.00	5696.00	5.67		0.00	5696.00	5.67
	华宁县	131300		0.00		0.00	0.00		0.00	6144.00	4.68	6144.00	4.68
	澄江县	77300		0.00	450.00	0.58	2052.00		0.00	2285.00	2.96	2735.00	3.54
	易门县	157100		0.00		0.00	0.00	11367.00	7.24	8800.00	5.60	20167.00	12.84
	通海县	72100		0.00		0.00	0.00		0.00	9269.00	12.86	9269.00	12.86
	江川县	85000		0.00		0.00	0.00		0.00	6689.00	7.87	6689.00	7.87
	元江哈尼族彝族傣族自治县	285800		0.00	22378.90	7.83	102047.78		0.00		0.00	22378.90	7.83
	新平彝族傣族自治县	422300	14275.00	3.38		0.00	65094.00	3481.00	0.82	17431.00	4.13	35187.00	8.33
	峨山彝族自治县	197200		0.00		0.00	0.00	3481.00	1.77		0.00	3481.00	1.77
	小计	1963700	81443.00	4.15	7433.94	0.38	405278.85	0.00	0.00	43350.00	2.21	132226.94	6.73
保山市	隆阳区	501100	39025.00	7.79		0.00	177954.00	0.00	0.00		0.00	39025.00	7.79
	昌宁县	388800		0.00		0.00	0.00	0.00	0.00	30360.00	7.81	30360.00	7.81
	龙陵县	288400		0.00	5805.00	2.01	26470.80	0.00	0.00		0.00	5805.00	2.01
	腾冲市	584500	42418.00	7.26	1628.94	0.28	200854.05	0.00	0.00	12990.00	2.22	57036.94	9.76
	小计	2302100	39341.00	1.71	9755.00	0.42	223877.76	70320.20	3.05	403.00	0.02	119819.20	5.20

续表

州(市)	县(区)名称	国土面积/hm²	国家级 面积/hm²	国家级 百分比/%	省级 面积/hm²	省级 百分比/%	国家及省级木材价值	州(市)级 面积/hm²	州(市)级 百分比/%	县(区)级 面积/hm²	县(区)级 百分比/%	小计	百分比/%
	昭阳区	224000	19200.00	8.57		0.00	87552.00		0.00		0.00	19200.00	8.57
	永善县	283300		0.00	680.00	0.24	3100.80	45118.00	15.93		0.00	45798.00	16.17
	绥江县	88200		0.00		0.00	0.00	10989.00	12.46		0.00	10989.00	12.46
	镇雄县	378500		0.00		0.00	0.00	2318.80	0.61		0.00	2318.80	0.61
	大关县	180200		0.00		0.00	0.00	6913.00	3.84		0.00	6913.00	3.84
昭通市	盐津县	209600		0.00	2509.00	1.20	11441.04	2497.40	1.19		0.00	5006.40	2.39
	巧家县	324500	20141.00	6.21		0.00	91842.96		0.00	403.00	0.12	20544.00	6.33
	彝良县	288400		0.00	6566.00	2.28	29940.96		0.00		0.00	6566.00	2.28
	威信县	141600		0.00		0.00	0.00		0.00		0.00	0.00	0.00
	水富县	31900		0.00		0.00	0.00	2484.00	7.79		0.00	2484.00	7.79
	鲁甸县	151900		0.00		0.00	0.00		0.00		0.00	0.00	0.00
	小计	2121900	0.00	0.00	40656.00	1.92	185391.36	0.00	0.00	0.00	0.00	40656.00	1.92
	古城区	125500	0.00	0.00		0.00	0.00	0.00	0.00		0.00	0.00	0.00
丽江市	玉龙纳西族自治县	639300		0.00	32523.00	5.09	148304.88	0.00	0.00		0.00	32523.00	5.09
	宁蒗彝族自治县	620600		0.00	8133.00	1.31	37086.48	0.00	0.00		0.00	8133.00	1.31
	小计	4538500	44843.00	0.99	40012.27	0.88	386940.03	0.00	0.00	21703.00	0.48	106558.27	2.35
	思茅区	409300		0.00	19238.00	4.70	87725.28	0.00	0.00		0.00	19238.00	4.70
普洱市	宁洱哈尼族彝族自治县	367000		0.00		0.00	0.00	0.00	0.00	2700.00	0.74	2700.00	0.74
	景东彝族自治县	453200	35167.00	7.76		0.00	160361.52		0.00		0.00	35167.00	7.76
	镇沅彝族哈尼族	422300	9676.00	2.29		0.00	44122.56		0.00	5000.00	1.18	14676.00	3.48

续表

州(市)	县(区)名称	国土面积/hm²	自然保护区										
			国家级		省级		国家及省级木材价值	州(市)级		县(区)级		小计	百分比/%
			面积/hm²	百分比/%	面积/hm²	百分比/%		面积/hm²	百分比/%	面积/hm²	百分比/%		
	拉祜族自治县												
	墨江哈尼族自治县	545900		0.00	6222.27	1.14	28373.55		0.00	3500.00	0.64	9722.27	1.78
	澜沧拉祜族自治县	880700		0.00	6794.00	0.77	30980.64		0.00		0.00	6794.00	0.77
	西盟佤族自治县	139100		0.00		0.00	0.00		0.00	5550.00	3.99	5550.00	3.99
	江城哈尼族彝族自治县	347600		0.00		0.00	0.00		0.00	4753.00	1.37	4753.00	1.37
	孟连傣族拉祜族佤族自治县	195700		0.00	54.00	0.03	246.24		0.00	200.00	0.10	254.00	0.13
	景谷傣族彝族自治县	777700		0.00	7704.00	0.99	35130.24		0.00		0.00	7704.00	0.99
	小计	2446900	68428.00	2.80	180866.00	7.39	1136780.64	0.00	0.00	7333.00	0.30	256627.00	10.49
临沧市	临翔区	265200		0.00	45610.00	17.20	207981.60		0.00		0.00	45610.00	17.20
	镇康县	264200		0.00	36970.00	13.99	168583.20		0.00		0.00	36970.00	13.99
	凤庆县	345100		0.00	48758.00	14.13	222336.48		0.00		0.00	48758.00	14.13
	云县	376000		0.00	14703.00	3.91	67045.68		0.00		0.00	14703.00	3.91
	永德县	329600	17541.00	5.32		0.00	79986.96		0.00	7333.00	2.22	24874.00	7.55
	双江拉祜族佤族布朗族傣族自治县	229200		0.00	23302.00	10.17	106257.12		0.00		0.00	23302.00	10.17
	沧源佤族自治县	253900	27649.50	10.89		0.00	126081.72		0.00		0.00	27649.50	10.89
	耿马傣族佤族自治县	383700	23237.50	6.06	11523.00	3.00	158507.88		0.00		0.00	34760.50	9.06

续表

州(市)	县(区)名称	国土面积/hm²	自然保护区											
			国家级		省级		国家及省级木材价值	州(市)级		县(区)级		小计	百分比/%
			面积/hm²	百分比/%	面积/hm²	百分比/%		面积/hm²	百分比/%	面积/hm²	百分比/%		
	小计	2925800	31937.00	1.09	16613.00	0.57	221388.00	138798.40	4.74	3526.70	0.12	190875.10	6.52
	楚雄市	448200	4500.00	1.00	16000.00	3.57	93480.00	221.00	0.05		0.00	20721.00	4.62
	元谋县	180300		0.00		0.00	0.00	1992.00	1.10		0.00	1992.00	1.10
	南华县	234300	17233.00	7.36		0.00	78582.48	12546.25	5.35		0.00	29779.25	12.71
	牟定县	149400		0.00		0.00	0.00	29927.64	20.03		0.00	29927.64	20.03
楚雄彝族自治州	武定县	332200		0.00		0.00	0.00	1360.00	0.41		0.00	1360.00	0.41
	大姚县	414600		0.00		0.00	0.00	1231.40	0.30		0.00	1231.40	0.30
	双柏县	404500	10204.00	2.52		0.00	46530.24	18785.00	4.64		0.00	28989.00	7.17
	禄丰县	363100		0.00	613.00	0.17	2795.28	3631.00	1.00	3526.70	0.97	7770.70	2.14
	永仁县	218900		0.00		0.00	0.00	733.00	0.33		0.00	733.00	0.33
	姚安县	180300		0.00		0.00	0.00	68371.11	37.92		0.00	68371.11	37.92
	小计	3293100	151078.00	4.59	32544.00	0.99	837316.32	175.00	0.01	16541.50	0.50	200338.50	6.08
	蒙自市	222800	494.00	0.22		0.00	2252.64		0.00		0.00	494.00	0.22
	个旧市	159700	1485.00	0.93		0.00	6771.60	160.00	0.10		0.00	1645.00	1.03
	开远市	200900		0.00		0.00	0.00		0.00	267.00	0.13	267.00	0.13
红河哈尼族彝族自治州	弥勒县	400400		0.00		0.00	0.00		0.00	16114.50	4.02	16114.50	4.02
	红河县	203400		0.00	14756.00	7.25	67287.36		0.00		0.00	14756.00	7.25
	绿春县	316700	65058.00	20.54		0.00	296664.48		0.00		0.00	65058.00	20.54
	建水县	394000		0.00	1601.00	0.41	7300.56		0.00		0.00	1601.00	0.41
	元阳县	229200		0.00	16187.00	7.06	73812.72		0.00		0.00	16187.00	7.06
	石屏县	309000		0.00		0.00	0.00		0.00		0.00	0.00	0.00

续表

州(市)	县(区)名称	国土面积/hm²	国家级 面积/hm²	国家级 百分比/%	省级 面积/hm²	省级 百分比/%	国家及省级木材价值	自然保护区 州(市)级 面积/hm²	自然保护区 州(市)级 百分比/%	自然保护区 县(区)级 面积/hm²	自然保护区 县(区)级 百分比/%	小计	百分比/%
	金平苗族瑶族傣族自治县	367700	42027.00	11.43		0.00	191643.12		0.00		0.00	42027.00	11.43
	河口瑶族自治县	131300	27518.00	20.96		0.00	125482.08	175.00	0.13		0.00	27693.00	21.09
	屏边苗族自治县	190600	14496.00	7.61		0.00	66101.76		0.00		0.00	14496.00	7.61
	小计	3223900	26867.00	0.83	66947.00	2.08	427791.84	0.00	0.00	0.00	0.00	93814.00	2.91
文山壮族苗族自治州	文山市	306400	22960.40	7.49		0.00	104699.42		0.00		0.00	22960.40	7.49
	麻栗坡县	239500		0.00	23044.00	9.62	105080.64		0.00		0.00	23044.00	9.62
	广南县	798300		0.00	5232.00	0.66	23857.92		0.00		0.00	5232.00	0.66
	马关县	275500		0.00	8797.00	3.19	40114.32		0.00		0.00	8797.00	3.19
	富宁县	545900		0.00	19128.00	3.50	87223.68		0.00		0.00	19128.00	3.50
	西畴县	154500	3906.60	2.53		0.00	17814.10		0.00		0.00	3906.60	2.53
	丘北县	515000		0.00	10746.00	2.09	49001.76		0.00		0.00	10746.00	2.09
	小计	1970000	269110.00	13.66	0.00	0.00	1227141.60	35485.00	1.80	44143.00	2.24	348738.00	17.70
西双版纳	景洪市	713300	116400.00	16.32		0.00	530784.00	13590.00	1.91	44143.00	6.19	174133.00	24.41
	勐海县	551100	23841.00	4.33		0.00	108714.96	21895.00	3.97		0.00	45736.00	8.30
	勐腊县	705600	128869.00	18.26		0.00	587642.64	0.00	0.00		0.00	128869.00	18.26
	小计	2945900	87283.00	2.96	21453.30	0.73	495837.53	76789.80	2.61	0.00	0.00	185526.10	6.30
大理白族自治州	大理市	146800	51520.00	35.10		0.00	234931.20	567.00	0.39		0.00	52087.00	35.48
	剑川县	231800		0.00	4630.30	2.00	21114.17	2800.00	1.21		0.00	7430.30	3.21
	弥渡县	157100		0.00		0.00	0.00	29673.00	18.89		0.00	29673.00	18.89
	云龙县	471200		0.00	6630.00	1.41	30232.80	0.00	0.00		0.00	6630.00	1.41

续表

州(市)	县(区)名称	国土面积/hm²	自然保护区										
			国家级		省级		国家及省级	州(市)级		县(区)级		小计	百分比/%
			面积/hm²	百分比/%	面积/hm²	百分比/%	木材价值	面积/hm²	百分比/%	面积/hm²	百分比/%	小计	
	洱源县	296100	7570.00	2.56		0.00	34519.20	25700.00	8.68		0.00	33270.00	11.24
	鹤庆县	239500		0.00		0.00	0.00	3700.00	1.54		0.00	3700.00	1.54
	祥云县	249800		0.00		0.00	0.00	1500.00	0.60		0.00	1500.00	0.60
	宾川县	262700		0.00		0.00	0.00		0.00		0.00	0.00	0.00
	永平县	288400		0.00	9193.00	3.19	41920.08	5171.80	1.79		0.00	14364.80	4.98
	漾濞彝族自治县	195700	20610.00	10.53		0.00	93981.60	1000.00	0.51		0.00	21610.00	11.04
	巍山彝族回族自治县	226600		0.00	1000.00	0.44	4560.00	3080.00	1.36		0.00	4080.00	1.80
	南涧彝族自治县	180200	7583.00	4.21		0.00	34578.48	3598.00	2.00		0.00	11181.00	6.20
	小计	1152600	0.00	0.00	100744.22	8.74	459393.64	0.00	0.00	3070.00	0.27	103814.22	9.01
德宏州	芒市	298700		0.00	20668.22	6.92	94247.08		0.00		0.00	20668.22	6.92
	瑞丽市	102000		0.00	25582.00	25.08	116653.92		0.00		0.00	25582.00	25.08
	盈江县	442900		0.00	19256.00	4.35	87807.36		0.00		0.00	19256.00	4.35
	梁河县	115900		0.00	4258.00	3.67	19416.48		0.00	3070.00	2.65	7328.00	6.32
	陇川县	193100		0.00	30980.00	16.04	141268.80		0.00		0.00	30980.00	16.04
	小计	1470300	324106.00	22.04	75894.00	5.16	1824000.00	0.00	0.00	8600.00	0.58	408600.00	27.79
怒江州	泸水县	293800	43016.00	14.64		0.00	196152.96		0.00		0.00	43016.00	14.64
	福贡县	280400	37848.00	13.50		0.00	172586.88		0.00		0.00	37848.00	13.50
	兰坪白族普米族自治县	445500		0.00	75894.00	17.04	346076.64		0.00	8600.00	1.93	84494.00	18.97
	贡山独龙族怒族自治县	450600	243242.00	53.98		0.00	1109183.52		0.00		0.00	243242.00	53.98

续表

州(市)	县(区)名称	国土面积/hm²	国家级		省级		国家及省级木材价值	自然保护区					
								州(市)级		县(区)级		小计	
			面积/hm²	百分比/%	面积/hm²	百分比/%		面积/hm²	百分比/%	面积/hm²	百分比/%	小计	百分比/%
	小计	2387000	281640.00	11.80	38441.00	1.61	1459569.36	0.00	0.00	0.00	0.00	320081.00	13.41
迪庆州	香格里拉县	1161300	0.00	0.00	38441.00	3.31	175290.96	0.00	0.00	0.00	0.00	38441.00	3.31
	德钦县	759600	216606.00	28.52	0.00	0.00	987723.36	0.00	0.00	0.00	0.00	216606.00	28.52
	维西傈僳族自治县	466100	65034.00	13.95	0.00	0.00	296555.04	0.00	0.00	0.00	0.00	65034.00	13.95